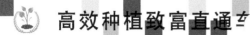

高效种植致富直通车

U0394489

图说 **茄子病虫害**

诊断与防治

李金堂 编著

机械工业出版社

本书通过 100 多幅茄子病害（虫害）田间原色生态图片及病原菌显微图片，介绍了茄子病害 62 种和虫害 5 种。每种病害（虫害）一般有多幅图片，从不同发病部位、不同发病时期的症状特点及害虫的不同虫态多个角度进行描述，可以帮助读者根据图片准确诊断病虫害，获得对病虫害的立体识别。本书内容力求简练、实用，尽量将最新的病虫害防治方法呈现给读者，辅以"提示""注意"等小栏目，可帮助读者更好地掌握茄子病虫害诊断与防治要点。

本书可供广大菜农、植保工作者和农资经销商使用，也可供农业院校相关专业的师生阅读参考。

图书在版编目（CIP）数据

图说茄子病虫害诊断与防治/李金堂编著. —北京：机械工业出版社，2017.4（2022.6 重印）
（高效种植致富直通车）
ISBN 978-7-111-56065-4

Ⅰ.①图…　Ⅱ.①李…　Ⅲ.①茄子 – 病虫害防治 – 图解
Ⅳ.①S436.411 – 64

中国版本图书馆 CIP 数据核字（2017）第 029187 号

机械工业出版社（北京市百万庄大街 22 号　邮政编码 100037）
总　策　划：李俊玲　张敬柱
策划编辑：高　伟　郎　峰　责任编辑：高　伟　郎　峰　孟晓琳
责任校对：郑　婕　张晓蓉　责任印制：单爱军
北京虎彩文化传播有限公司印刷
2022 年 6 月第 1 版第 4 次印刷
140mm×203mm·4.25 印张·102 千字
标准书号：ISBN 978-7-111-56065-4
定价：25.00 元

电话服务　　　　　　　　　　　网络服务
客服电话：010-88361066　　机 工 官 网：www.cmpbook.com
　　　　　010-88379833　　机 工 官 博：weibo.com/cmp1952
　　　　　010-68326294　　金 书 网：www.golden-book.com
封底无防伪标均为盗版　　机工教育服务网：www.cmpedu.com

高效种植致富直通车
编审委员会

序

园艺产业包括蔬菜、果树、花卉和茶等，经多年发展，园艺产业已经成为我国很多地区的农业支柱产业，形成了具有地方特色的果蔬优势产区，园艺种植的发展为农民增收致富和"三农"问题的解决做出了重要贡献。园艺产业基本属于高投入、高产出、技术含量相对较高的产业，农民在实际生产中经常在新品种引进和选择、设施建设、栽培和管理、病虫害防治及产品市场发展趋势预测等诸多方面存在困惑。要实现园艺生产的高产高效，并尽可能地减少农药、化肥施用量以保障产品食用安全和生产环境的健康离不开科技的支撑。

根据目前农村果蔬产业的生产现状和实际需求，机械工业出版社坚持高起点、高质量、高标准的原则，组织全国 20 多家农业科研院所中理论和实践经验丰富的教师、科研人员及一线技术人员编写了"高效种植致富直通车"丛书。该丛书以蔬菜、果树的高效种植为基本点，全面介绍了主要果蔬的高效栽培技术、棚室果蔬高效栽培技术和病虫害诊断与防治技术、果树整形修剪技术、农村经济作物栽培技术等，基本涵盖了主要的果蔬作物类型，内容全面，突出实用性，可操作性、指导性强。

整套图书力避大段晦涩文字的说教，编写形式新颖，采取图、表、文结合的方式，穿插重点、难点、窍门或提示等小栏目。此外，为提高技术的可借鉴性，书中配有果蔬优势产区种植能手的实例介绍，以便于种植者之间的交流和学习。

　　丛书针对性强，适合农村种植业者、农业技术人员和院校相关专业师生阅读参考。希望本套丛书能为农村果蔬产业科技进步和产业发展做出贡献，同时也恳请读者对书中的不当和错误之处提出宝贵意见，以便补正。

中国农业大学农学与生物技术学院

V

前　言

　　蔬菜产业在我国农产品结构中占据着重要地位。它不仅直接关系着城乡居民生活质量，还对我国经济发展有重要作用。20世纪90年代以来，我国蔬菜产业取得了长足进步，以"菜篮子工程"为代表的农业政策极大地促进了蔬菜生产。

　　随着蔬菜产业规模的不断扩大，病虫害防治在蔬菜生产中的重要性日益突显。多年的生产实践表明，病虫害防治工作做好了，既能提高蔬菜的产量和品质，又能促进蔬菜产业的健康发展，并获得更好的经济效益和社会效益。为帮助广大蔬菜种植者及相关人员准确诊断茄子病虫害并更好地防治病虫害，特撰写了《图说茄子病虫害诊断与防治》一书。

　　本书以"蔬菜之乡"寿光市为主要调查地点，结合其他茄子产区进行病虫害调查，一般每周调查2次，将病虫害病样带回研究室进行分离培养鉴定。本书包括茄子病害62种和虫害5种，对茄子病害不同时期、不同发病部位的症状，茄子害虫不同虫态、不同龄期的形态特征及为害症状等进行了全方位的拍摄，以获得对病虫害的立体识别。本书内容力求简练、实用，包含最新的病虫害防治内容，同时对茄子生产、管理及防治过程中需特别注意的事项，在每种病虫害的最后进行了提示，可起到较好的提醒作用。

　　需要特别说明的是，本书所用药物及其使用剂量仅供读者参考，不可完全照搬。在生产实际中，所用药物学名、通用名与实际商品名称存在差异，病虫害发生程度不同，施用药物浓度也有所不同，建议读者在使用每一种药物之前，参阅厂家提供的产品说明以确认药物用量、用药方法、用药时间及禁忌等。

本书得到潍坊市科学技术发展计划项目（2014GX046）和山东省高等学校青年骨干教师国内访问学者项目经费资助，在此表示衷心感谢。同时对在本书编写过程中参考资料的原作者，表示感谢。

由于时间紧，再加上水平所限，书中错误和疏漏之处在所难免，恳请有关专家、同仁、广大读者朋友批评指正！

李金堂

目　录

序

前言

1　一、侵染性病害

65　二、生理性病害

107　三、虫害

一、侵染性病害

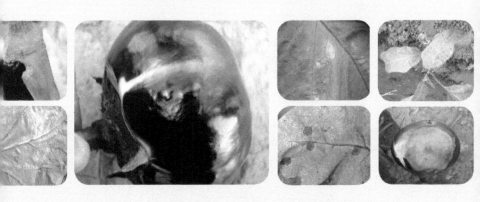

1. 茄子白粉病 >>>>

【症状】

该病主要为害茄子叶片。发病初期叶片正面或背面出现白色粉状物（图1-1），严重时萼片、茎秆等部位也受害（图1-2）；后期叶片背面病斑颜色加深为褐色（图1-3），变黄脱落。

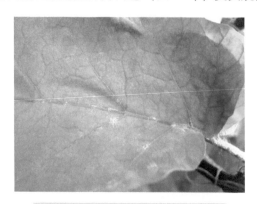

图1-1 茄子白粉病叶片正面症状

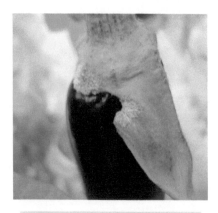

图1-2 茄子白粉病萼片受害状

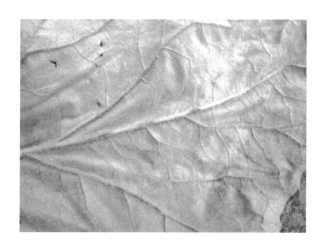

图1-3　茄子白粉病叶片背面变为褐色

〔病原〕

病原菌为 *Sphaerotheca fuliginea*，称单丝壳白粉菌，属子囊菌门真菌。分生孢子椭圆形，一般无隔膜。

〔发病规律〕

病菌以闭囊壳、菌丝体、分生孢子随病残体在土壤中越冬。第二年条件合适，产生分生孢子或子囊孢子随风雨传播到寄主上侵染。栽培过密、通风不良、偏施氮肥发病重。

〔防治方法〕

1）选择抗耐病品种。

2）加强田间管理。生长期间及时摘除发病严重叶片。合理浇水，及时通风，降低空气湿度。收获后彻底清洁菜园，扫除枯枝落叶。

3）药剂防治。发病初期用2%的嘧啶核苷酸抗生素200倍液，或 10％的苯醚甲环唑水分散粒剂 1500 倍液，或 25％的乙嘧酚悬浮剂 1000 倍液进行叶面喷雾。

⚠️ **注意** 白粉病菌分生孢子在水中容易破裂，因此喷药时可对白粉病严重的叶片多喷一些，最好做到有药液滴下。

2. 茄子斑萎病毒病 >>>>

〔症状〕

该病主要为害茄子叶片和果实。发病后叶片出现花叶或褐色坏死斑，果实发病出现圆形坏死斑（图 1-4），常导致结果减少，后期果实内部也坏死（图 1-5）。

图 1-4 茄子斑萎病毒病果实出现圆形坏死斑

图1-5　茄子斑萎病毒病果实内部坏死

〔病原〕

病原菌为Tomato spotted wilt virus，TSWV，称为番茄斑萎病毒。

〔发病规律〕

病毒的汁液与种子均能传染，此外烟蓟马、豆蓟马等可进行持久性传毒。蓟马一般在幼虫期获得病毒。传毒需要在体内繁殖，烟蓟马最短获毒期多为15~30min，豆蓟马需30min，时间长，传毒效率升高，具有终生传毒能力。病毒接种多在植株叶表细胞浅表皮吸食时获取，一般经潜育4天左右即发病。

〔防治方法〕

1）选用抗病品种。

2）种子消毒。用10%的磷酸三钠溶液浸种20min，清水冲洗30min，或将充分干燥的种子在70℃恒温箱中处理72h。

3）防治蚜虫、蓟马等。

4）药剂防治。发病初期喷洒1.5%的烷醇·硫酸铜乳剂1000倍液，或20%的盐酸吗啉胍可湿性粉剂500倍液，或2%

的宁南霉素水剂 300 倍液，或混合脂肪酸水乳剂 100 倍液等药剂，连喷 3~4 次。

提示　病毒病为系统性病害，选用抗病品种是防治病害的根本措施，同时应坚持"预防为主"的原则，发病前定期喷洒几丁聚糖等能提高植株抗病性的药物，增强植株免疫力。同时注意防治传毒介体。

3. 茄子棒孢叶斑病 >>>>

〔症状〕

该病主要为害茄子叶片。发病时叶片出现许多褐色近圆形病斑，边缘颜色较深，一般有轮纹（图1-6），病斑中央有的颜色较浅，有的较深，似靶心（图1-7）。

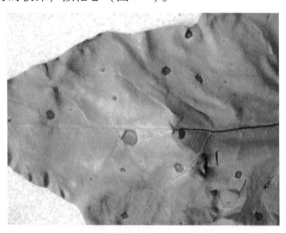

图1-6　茄子棒孢叶斑病初期症状

图1-7 茄子棒孢叶斑病典型症状

〔病原〕

病原菌为 *Corynespora cassiicola*（Berk. & Curt.） Wei.，称为山扁豆生棒孢，属于半知菌门真菌。菌丝无色至暗褐色，分生孢子梗直或微弯，不分枝，中间有时有膨大的节。分生孢子通常单生，棒状，直或略弯，偶有分枝，浅榄褐色，有 4～19 个分隔。

〔发病规律〕

病原菌以菌丝体或分生孢子在病残体或种子上越冬，成为初侵染源。极少数情况下也可产生厚垣孢子及菌核越冬。第二年春天产生分生孢子通过气流或雨水飞溅传播，进行初侵染和再侵染。一般病菌侵入后 6～7 天发病，温度在 24～28℃ 及湿度大时发病重。

〔防治方法〕

1）使用无病种子，或种子进行消毒处理，也可用 52℃ 温水浸种 30min。

2）加强管理。发病后及时摘除病叶，收获后清洁田园。施足

7

粪肥，增施磷、钾肥，勿偏施氮肥。不可灌水过量，及时放风排湿。

3）药剂防治。发病初期开始喷洒28%的百·霉威可湿性粉剂500倍液，或50%的甲基硫菌灵可湿性粉剂500倍液，或50%的混杀硫悬浮剂500倍液，或50%的苯菌灵可湿性粉剂1000倍液，隔7~10天喷1次，连续防治2~3次。

提示 通过室内离体试验证明，福美双对病菌菌丝生长有较好的抑制作用，对分生孢子有致畸作用，效果较好。

4. 茄子病毒病 >>>>

[症状]

病株矮化、黄化。叶片变小、皱缩不展，叶色变浅，有的呈斑驳花叶或出现环状坏死斑（图1-8）。病果表面凹凸不平、出

图1-8 茄子病毒病叶片花叶、植株矮化

现瘤状突起（图1-9），结果性能差，多成畸形果。

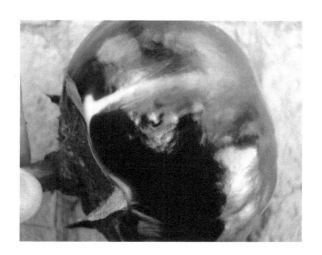

图1-9 茄子病毒病病果表面出现瘤状突起

〔病原〕

病原有黄瓜花叶病毒（Cucumber mosaic virus，CMV）、烟草花叶病毒（Tobacco mosaic virus，TMV）、马铃薯 X 病毒（Potato virus X，PVX）、蚕豆萎蔫病毒（Broad bean wilt virus，BBWV）等，由上述一种或多种病毒复合侵染。

〔发病规律〕

病毒主要依靠桃蚜、豆蚜等传毒，也可借汁液传毒。高温干旱的天气和蚜虫发生量大、管理粗放、田间杂草丛生时容易发病。

〔防治方法〕

1）选用抗病品种。这是防治病毒病最有效、最根本的措施，不同地区可根据当地实际情况，选用适宜的抗病、耐病品种。

2）种子消毒。播种前用清水浸种 3～4h，再放入 10% 的磷酸三钠溶液浸种 30min，用清水冲洗干净后播种，或用 0.1% 的高锰酸钾溶液浸泡 30min。

3）防止人为传染。在农事操作中要坚持先健株后病株的原则，同时用 10% 的磷酸三钠溶液洗手及对农具进行消毒。

4）防治蚜虫。种植区及周边杂草尽早喷洒 10% 的吡虫啉可湿性粉剂 2000 倍液，杀灭传毒介体，减轻病毒病为害。

5）药剂防治。发病初期喷洒 4% 的宁南霉素水剂 500 倍液，或 1.5% 的烷醇·硫酸铜乳剂 1000 倍液，或 20% 的盐酸吗啉胍可湿性粉剂 500 倍液，或 7.5% 的菌毒·吗啉胍水剂 200 倍液，连喷 3~4 次。

5. 茄子长柄链格孢黑斑病 >>>>

〔症状〕

该病主要为害茄子叶片。叶片发病时病斑呈现近圆形至不规则形，灰色至深褐色（图 1-10、图 1-11），后期病斑上产生黑色霉层（分生孢子梗及分生孢子）。

图 1-10　茄子长柄链格孢黑斑病病斑

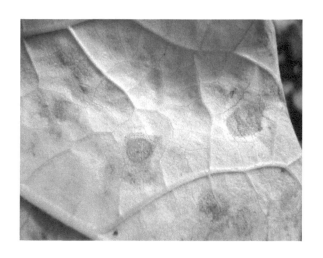

图1-11 茄子长柄链格孢黑斑病叶背症状

〔病原〕

病原菌为 *Alternaria longipes*（Ell. et Ev.）Mason，称为长柄链格孢，属于半知菌门真菌。分生孢子常聚为长而分枝的链，单个孢子呈倒棒状或倒梨形、卵形或椭圆形，常具有短喙，其长度一般小于孢子长度的 1/3，浅褐色，大小为（9.3~38）μm×（4.7~11.3）μm。

〔发病规律〕

病菌多以菌丝体及分生孢子随病残体在土中存活越冬。病菌为弱寄生菌，在土壤中可营较长时间的腐生生活。寄主生势衰弱时易受侵害。

〔防治方法〕

1）及时清除病残果，增施有机肥，提高植株抗病性。

2）注意通风降湿，避免高温高湿条件出现。

3）药剂防治可喷洒 45% 的噻菌灵悬浮剂 1000 倍液，或 50% 的咪鲜胺锰盐可湿性粉剂 1500~2500 倍液，或 50% 的甲基硫菌灵悬浮剂 800 倍液，或 50% 的多·硫悬浮剂 500 倍液等。

⚠️ **注意** 连阴雨或棚室内浇水过多时，该病害易发生，故应在连阴天后及时用药。

6. 茄子赤星病 >>>>

〔症状〕

该病主要为害茄子叶片。发病时叶片上先出现褪绿小斑点，后病斑扩大为近圆形或不规则形，中央灰白色或红褐色，边缘褐色（图 1-12），病斑表面出现小黑点。

图 1-12 茄子赤星病叶片正面症状

〔病原〕

病原菌为 *Septoria melongenae* Saw.，称为茄壳针孢，属于半知菌门真菌。分生孢子器生在叶面，黑色扁球形，埋生，直径为 $70 \sim 150 \mu m$；分生孢子无色多胞，线状或圆筒形，弯曲，大小为 $(12 \sim 18) \mu m \times (1.1 \sim 1.6) \mu m$。

〔发病规律〕

病菌以菌丝体和分生孢子随病残体留在土壤中越冬，第二年春天条件适宜时产生分生孢子，借风雨传播蔓延，引起初侵染和再侵染。温暖潮湿、连阴雨天气多的年份或地区易发病。

〔防治方法〕

1）提倡高垄覆地膜栽培，雨后及时排除积水，棚内放风降湿。种植密度适宜，保证株间通风透光。

2）施足有机肥，适时追肥，保证植株营养供给，提高植株免疫力。

3）种子消毒。可采用温汤浸种或用 50% 的多菌灵可湿性粉剂 500 倍液浸种 30min。

4）苗床消毒，培育健壮无病茄苗。

5）药剂防治。发病后及时喷洒 70% 的代森联干悬浮剂 500 倍液，或 50% 的苯菌灵可湿性粉剂 1500 ~ 1600 倍液，或 20% 的丙硫多菌灵悬浮剂 3000 倍液，或 70% 的甲基硫菌灵可湿性粉剂 1000 倍液。

提示　如果露地栽培，在夏季多雨季节进行遮阴避雨有利于减轻发病。

7. 茄子根霉果腐病 >>>>

【症状】

根霉果腐病是茄果类上的一种普通病害。大多蔬菜种植区均有分布，通常零星发生，对生产无明显影响。发病重时导致果实腐烂，造成一定经济损失。该病主要为害快成熟或有伤口的果实。病部先出现稀疏的白色菌丝，后菌丝越来越多，并出现许多黑色的长发状物（图1-13），顶端有黑色的点状物（孢囊梗及孢子囊），病果后期软化腐烂，失去食用价值。

图1-13 茄子根霉果腐病病果

【病原】

病原菌为 *Rhizopus stolonifer*（Ehrenb.）Lind.，称为匍枝根霉，属于接合菌门真菌。孢子囊丛生在匍匐菌丝上，直立，无分枝。顶端着生球形孢子囊，褐色至黑色，大小为 87 ~ 354 μm（图1-14）。

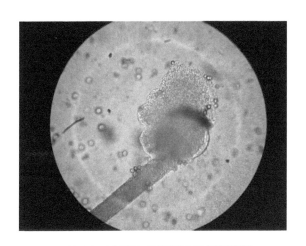

图1-14 病原菌的孢囊梗及孢子囊

〔发病规律〕

病原菌以孢囊孢子附着在大棚墙壁、支架等处越冬。匍枝根霉为弱寄生菌，一般只能从伤口或生活力弱的部位侵入。发病后形成孢子囊产生大量孢囊孢子，借助气流传播蔓延，引起再侵染。

〔防治方法〕

1）农业防治。及时采收成熟果实。农事操作中尽量避免产生伤口。

2）生态防治。及时调节棚室内湿度，抑制病害发生。

3）药剂防治。发病后喷洒77%的氢氧化铜可湿性粉剂600倍液，或70%的甲基硫菌灵可湿性粉剂800倍液，每7～10天喷1次，连喷2～3次。

⚠ **注意** 连阴雨或棚室内浇水过多，病害易发生，应在连阴天后及时用药。

8. 茄子褐斑病 >>>>

〔症状〕

该病主要为害叶片。叶片初现水浸状小点，后扩展为近圆形或不规则形病斑，病斑中央灰白色至浅褐色，边缘褐色（图1-15），后期病斑表面出现较多小黑点（分生孢子器）。

图1-15 茄子褐斑病病斑症状

〔病原〕

病原菌为 *Phyllosticta melongenae* Sawada，称为茄叶点霉，属于半知菌门真菌。分生孢子器球形或近球形，黑色，直径为 $73 \sim 112\mu m$。分生孢子单胞，无色，椭圆形或长椭圆形，大小为 $(9 \sim 13)\mu m \times (6 \sim 7.6)\mu m$。

〔发病规律〕

病菌以分生孢子器在病残体上、种子内或土壤中越冬。第二年条件适宜时释放分生孢子侵染叶片，发病后借风雨传播蔓延进行再侵染，降雨、大水漫灌或湿度高时易发病。

〔防治方法〕

1）选用抗病品种。

2）与非茄科作物实行 3 年以上的轮作。使用充分腐熟的有机肥和生物菌肥，向土壤中增加有益微生物，促进土壤改良。

3）及时清除病残体，适时放风降湿，降低棚内湿度。

4）发病初期及时喷洒 40% 的腈菌唑可湿性粉剂 5000 倍液，或 45% 的噻菌灵悬浮剂 1000 倍液，或 10% 的苯醚甲环唑水分散粒剂 1500 倍液等。

9. 茄子褐轮纹病 >>>>

〔症状〕

该病主要为害叶片。病斑褐色，近圆形，一般有同心轮纹（图 1-16），后期易破裂。

图 1-16　茄子褐轮纹病病叶

〔病原〕

病原菌为 *Ascochyta melongenae* Padman. ，称为茄壳二孢，属于半知菌门真菌。分生孢子器在叶片表面聚生，初为埋生后突破表皮外露，多为球形，有的扁球形，直径为 75 ~ 164μm，颜色为浅褐色，分生孢子器孔口较明显，直径为 21 ~ 28μm。分生孢子双胞，大小为 $(11.1 ~ 11.6)μm × (3.8 ~ 4.2)μm$。

〔发病规律〕

主要以分生孢子器或子囊壳随病残体在土壤中越冬，也可在种子内或附着在棚室架材上越冬。到第二年春天产生分生孢子及子囊孢子借助风雨传播，从植株伤口、气孔或水孔侵入。病菌喜温暖和高湿条件，温度范围在 19 ~ 25℃，相对湿度85%以上，土壤湿度较高时易发病。保护地通风不良、连做地块、种植过密、生长势弱、光照不足、氮肥过量或肥料不足发病重。

〔防治方法〕

1）农业措施。宜采用高垄栽培，雨季注意排除田间积水，改善种植地通透性。及时清除初发病叶，减少菌源。温室内及时放风，降低相对湿度。

2）药剂防治。发病初期及时喷洒 50% 的甲基硫菌灵可湿性粉剂 1000 倍液，或 50% 的苯菌灵可湿性粉剂 1000 倍液，或10% 的苯醚甲环唑水分散粒剂 1500 倍液，或 12.5% 的烯唑醇可湿性粉剂 4000 倍液等药剂，每 7 ~ 10 天喷洒 1 次。大棚温室也可用 30% 百菌清烟剂每亩（1 亩 ≈ 666.7m²）用量 250g 熏烟，每7 ~ 10 天施药 1 次，连续防治 2 ~ 3 次。

提示 褐轮纹病为害症状有时与褐斑病相似，较难区分时可喷洒苯并咪唑类药剂（多菌灵等）与唑类药剂（戊唑醇等）的混合药剂，对两种病害都有较好的防治效果。

10. 茄子褐色圆星病 >>>>

〔症状〕

该病主要为害叶片，出现较多的近圆形褐色小病斑，有的病斑外有黄色晕圈（图1-17），叶缘发病常较重。病害严重时，叶片上布满病斑，病斑汇合连片，叶片易破碎、早落。病斑中部有时破裂。

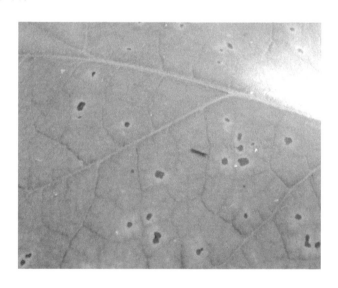

图1-17 茄子褐色圆星病病斑

〔病原〕

病原菌为 *Cercospora solani-melongenae* Chupp，称为茄生尾孢，属于半知菌门真菌。

〔发病规律〕

病菌主要以分生孢子或菌丝体在土壤中的病残体上越冬。第二年春天产生分生孢子通过气流或雨水飞溅传播，进行初侵染和再侵染。湿度大时发病重。

〔防治方法〕

1）选用抗病品种。

2）加强栽培管理。合理密植，控制浇水量，及时放风，降低湿度并适当增施磷钾肥。

3）药剂防治。提前喷药预防，发病后及时喷洒25%的醚菌酯悬浮剂1500倍液，或50%的福·异菌可湿性粉剂500倍液，或50%的咪鲜胺锰盐可湿性粉剂1500倍液，每7～10天喷1次，连喷2～3次。

11. 茄子褐纹病 >>>>

〔症状〕

茄子褐纹病又称干腐病，叶片发病时病斑圆形或近圆形，中央灰白色或浅褐色，边缘褐色（图1-18），有轮纹，后期出现轮纹排列的小黑点。果实发病病斑为褐色，近圆形病斑，稍凹陷，也有小黑点，湿度大时易腐烂，湿度小时干缩为僵果。茎发病出现椭圆形病斑，中央灰白色或浅褐色，边缘褐色，后期出现小黑点。

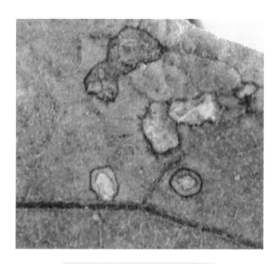

图1-18 茄子褐纹病病斑

〔病原〕

病原菌为 *Phomopsis vexans*（Sacc. Et Syd.）Harter，称为茄褐纹拟茎点霉，属于半知菌门真菌。

〔发病规律〕

病原主要以菌丝体或分生孢子器在土表的病残体上越冬，同时也可以菌丝体潜伏在种皮内部或以分生孢子黏附在种子表面越冬。病菌的成熟分生孢子器在潮湿条件下可产生大量分生孢子，分生孢子萌发后可直接穿透寄主表皮侵入，也能通过伤口侵染。病苗及茎基溃疡上产生的分生孢子为当年再侵染的主要菌源，然后经反复多次的再侵染，造成叶片、茎秆的上部及果实大量发病。分生孢子在田间主要通过风雨、昆虫及人工操作传播。该病属高温、高湿性病害。田间气温28～30℃，相对湿度超过85%，持续时间长，连续阴雨，易发病。南方夏季高温多雨，极易引起病害流行；北方地区在夏秋季节，若遇多雨潮湿，也能引起病害爆发。

〔防治方法〕

1）清除菌源。发病后及时摘除病叶、病果，收获后彻底清除病残体。

2）选用无病种子或进行种子消毒。

3）苗床土壤消毒。每平方米用75%的百菌清可湿性粉剂10g与120kg干细土混匀，播种时一半药土铺底，一半药土盖种。

4）药剂防治。发病后喷施28%的百·霉威可湿性粉剂500倍液，或50%的氯溴异氰尿酸可溶性粉剂1200倍液，或50%的胂·锌·福美双可湿性粉剂1000倍液，每7~10天喷1次，连喷2~3次。

⚠ **注意** 连阴雨或棚室内浇水过多，病害易发生，应在连阴天后及时用药。

12. 茄子黑枯病 >>>>

近年来，茄子黑枯病发生日趋严重，极大地影响了茄子的品质和产量，经济损失巨大，同时因不能对症下药导致滥施农药，既增大了用药成本，又不利于茄子无公害生产的健康发展。

〔症状〕

茄子黑枯病可侵染茄子的叶片、果实及茎秆等，主要为害叶片。叶片染病，先出现灰褐色至灰黑色近圆形小点（图1-19），后病斑颜色略有加深，扩展为圆形或近圆形病斑。随着病情的进一步发展，病斑周缘变为深褐色至紫黑色，内部变为浅褐色，部分病斑形成轮纹（图1-20），湿度大时病斑背面出现灰褐色霉层，即病菌的分生孢子梗及分生孢子。侵染果实先出现较多的水泡状隆起病斑，后病斑凹陷腐烂（图1-21），严重影响茄子的品质。果梗及茎秆发病常产生凹陷或龟裂的近圆形病斑。

图1-19　茄子黑枯病叶片症状（一）

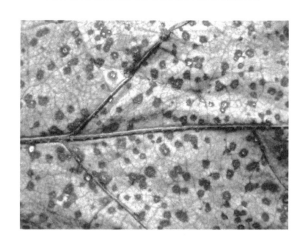

图1-20　茄子黑枯病叶片症状（二）

图1-21 茄子黑枯病果实症状

【病原】

病原菌为 *Corynespora melongenae* Takimoto.，称为茄棒孢菌，属于半知菌门棒孢属真菌。分生孢子梗细长，浅褐色至深黑色，分生孢子棍棒状，具有 1～16 个隔膜，褐色至黑色。病菌发育的适温为 22～28℃，在 PDA 培养基上生长较慢，初期为白色，后期颜色加深为灰色。

【发病规律】

病原菌以菌丝体或分生孢子在病残体及种子上越冬，成为第二年初侵染源。第二年产生的分生孢子可通过风雨进行传播侵染健康植株。该病的发生与温湿度关系密切，在温室高温高湿条件下发病严重，特别是夜间植株叶片上形成水滴的情况下，病害传播蔓延速度快。一般来说，5～6 月温室内温度较高、管理不善时该病发生较重。

〔防治方法〕

1）使用无病种子或种子消毒处理。也可用 52℃ 温水浸种 30min，再放入 15~25℃ 温水中浸泡 4~6h 后，捞出置于适温条件下催芽。

2）加强管理。发病后及时摘除病叶，收获后清洁田园。施足粪肥，增施磷、钾肥，勿偏施氮肥。

3）生态调控。温室中应及时放风排湿，切忌灌水过量，防止高温高湿环境的出现，可有效抑制病害的发展。

4）药剂防治。发病初期开始喷洒 50% 的甲基硫菌灵可湿性粉剂 500 倍液，或 50% 的混杀硫悬浮剂 500 倍液，或 50% 的苯菌灵可湿性粉剂 1500 倍液，或 12.5% 的烯唑醇可湿性粉剂 2000~2500 倍液，隔 7~10 天喷 1 次，连续防治 3~4 次。

提示　喷药防治时应注意不同作用机理的杀菌剂交替使用，以避免病菌抗药性的产生。

13. 茄子红粉病 >>>>

红粉病是近年来温室蔬菜生产中发生的一种病害，作者曾对红粉病的发生及危害情况做过调查，发现近几年保护地栽培中番茄、辣椒、茄子、甜瓜等蔬菜上均有红粉病的发生，且有进一步加重的趋势，需引起菜农朋友及植保工作者高度重视。2012 年作者在寿光洛城、孙集、古城等地调查，发现种植番茄、黄瓜、甜瓜等的棚室均有发病，病棚率多在 5%~13%，病株率为 25%~89%。

〔症状〕

果实、叶柄发病较重，先出现黄褐色水浸状斑，后变浅褐色，病斑凹陷，湿度大时出现白色致密霉层，后变为粉红色绒状霉层（图1-22）。

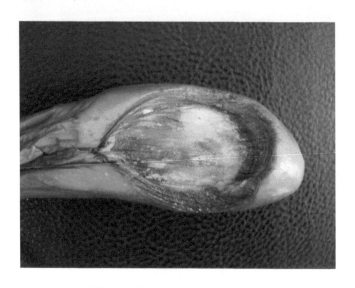

图1-22 茄子红粉病病斑出现粉红色霉层

〔病原〕

病原菌为 *Trichothecium roseum*（Pers.）Link，称为粉红单端孢，属于半知菌门真菌。菌落初为白色，后渐变为粉红色。分生孢子梗直立不分枝，无色；分生孢子顶生，单独形成，常聚集成头状，呈浅红色，分生孢子倒梨形，无色或半透明，成熟时具1个隔膜，隔膜处略缢缩，大小为（15~28）μm ×（8~16）μm（图1-23）。

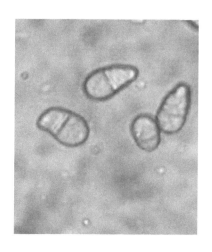

图1-23　病原菌分生孢子

〔发病规律〕

病原菌一般以菌丝体形态随病残体在土壤中越冬，第二年春天环境条件适宜时产生分生孢子，通过风雨传播到植株叶片上，多从伤口侵入。发病后，病部又产生大量分生孢子进行再侵染。病菌发育适温为25～30℃，相对湿度高于90%发病较重。湿度大、光照不足、通风不良、植株徒长、植株衰弱等原因易造成该病发生流行。

〔防治方法〕

1）适度密植，及时整枝、绑蔓。适时放风降湿，降低棚内湿度，雨后及时排水。选用无滴膜，防止棚顶滴水。

2）蔬菜苗期最好进行炼苗、蹲苗，培育壮苗。植株生长势较弱时易得红粉病，结果期保证营养供给，同时注意坐果适量。

3）增施有机肥及磷钾肥，提高植株抗病性。

4）发病前可用15%的百菌清烟剂预防，每亩用药剂250～

300g。发病后可喷洒 20% 的噻菌铜悬浮剂 500 倍液，或 25% 的络氨铜水剂 500 倍液，或 50% 的咪鲜胺锰盐可湿性粉剂 1500 倍液，或 25% 的戊唑醇可湿性粉剂 1500 倍液等药剂，每 7 ~ 10 天喷 1 次，连喷 2 ~ 3 次。

 提示　苗期最好进行炼苗、蹲苗，培育壮苗。

14. 茄子黄萎病 >>>>

【症状】

多在坐果以后发病，由下部叶片向上发展，初期在叶缘及叶脉间出现褪绿黄斑（图 1-24），后病斑不断扩大、联合并变为褐色，叶片萎蔫。切断茎后可见维管束变褐。

图 1-24　茄子黄萎病病叶

〔病原〕

病原菌为 *Verticillium dahliae* K1eb.，，称为大丽花轮枝孢，属于半知菌门真菌。病菌分生孢子梗直立，细长，上有数层轮状排列的小梗，梗顶生椭圆形、单胞、无色的分生孢子。

〔发病规律〕

病菌多以菌丝体及厚垣孢子随病残体在土壤中越冬，一般可存活 5 年以上。第二年从根部伤口、幼根表皮及根毛侵入，然后在维管束内繁殖，并扩散到茎、叶、果实等部位。当年一般不发生再侵染。病菌也可以菌丝体和分生孢子在种子内外越冬。病菌在田间靠灌溉水、农具、农事操作传播扩散。发病适温为 18～25℃。雨水多，或久旱后大量浇水使地温下降，或田间湿度大，发病较重。

〔防治方法〕

1）选用抗病品种。如丰研一号、海茄等。

2）种子消毒。可采用温汤浸种消毒（52℃浸种 30min），也可用种子重量 0.3% 的 75% 百菌清可湿性粉剂拌种。

3）轮作。提倡与葱蒜类轮作，实行水旱轮作效果更好。

4）嫁接防病。用托鲁巴姆、野生水茄、毒茄或红茄做砧木，栽培茄做接穗，采用劈接法嫁接，防病效果较好。

5）药剂防治。发病初期浇灌 20% 的二氯异氰尿酸钠可溶性粉剂 300 倍液，或 50% 的多·硫悬浮剂，或 50% 的苯菌灵可湿性粉剂 1000 倍液，或 50% 琥胶肥酸铜可湿性粉剂 350 倍液，每株灌兑好的药液 300mL。

提示　黄萎病属土传、种传病害，防治上应做好土壤及种子消毒工作。

29

15. 茄子灰霉病 >>>>

灰霉病是我国蔬菜种植区一种常见和主要病害。近年来，随着塑料大棚、温室等保护设施栽培的推广普及，茄子、番茄、辣椒、黄瓜、菜豆等蔬菜常发生灰霉病的流行，严重时减产达20%～50%以上。

〔症状〕

茄子灰霉病可为害叶片、叶柄、茎秆、花萼、果实等各个部位。病花等感病部位掉到叶片上会侵染引起发病，形成圆形或椭圆形病斑，有明显的轮纹（图1-25、图1-26）。空气干燥时，病斑容易破裂（图1-27）。果实发病，多从果蒂处开始，病部变软变白，湿度大时出现灰色霉层（分生孢子梗及分生孢子）（图1-28）。茎秆或枝条受害重时褪绿缢缩（图1-29），容易造成病部以上部分萎蔫枯死。侵染花时症状与茎秆相似（图1-30）。病

图1-25 茄子灰霉病初期

花或病叶掉到果实上也会引起发病，用药治疗后会留下不同颜色的病疤。

图1-26 茄子灰霉病病斑（有轮纹）

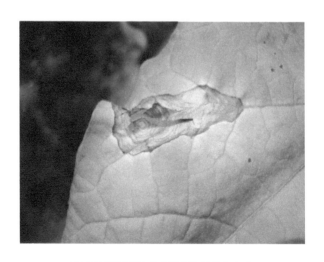

图1-27 茄子灰霉病病斑易破裂

图1-28　茄子灰霉病果实受害状

图1-29　茄子灰霉病茎秆受害状

图1-30 茄子灰霉病侵染花

〔病原〕

病原菌为 *Botrytis cinerea* Pers.，称为灰葡萄孢，属于半知菌门真菌。分生孢子梗较长，灰色或褐色，有分隔和分枝，分枝顶端略膨大。分生孢子近球形或卵圆形，大小为（8.7~15.3）μm×（6.5~11.2）μm（图1-31）。

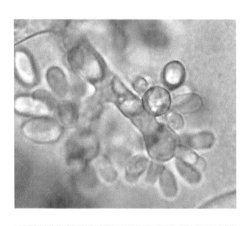

图1-31 病原菌分生孢子梗及分生孢子

33

〔发病规律〕

病菌主要以菌丝体或菌核随病残体在土壤中越冬。南方设施蔬菜中的病菌可常年存活，不存在越冬问题。分生孢子主要通过风雨传播，条件适宜时即萌发，多从伤口或衰老组织侵入。初侵染发病后又长出大量新的分生孢子，通过传播进行再侵染。温室大棚内的高湿环境有利于病害发生和流行。

〔防治方法〕

1）加强温室内温湿度的调控。保障植株间通风、透光、降低湿度，同时温度不要太低。

2）加强水肥管理。一次浇水不要太多，及时补充植株营养，使植株生长旺盛，防止早衰。

3）及时清除病残体，减少菌源量。病叶、病果需及时运出棚外并销毁。

4）药剂防治。发病初期喷洒50%的腐霉利可湿性粉剂1000倍液，或40%的菌核净可湿性粉剂800倍液，或50%的异菌脲可湿性粉剂1000倍液，或25%的啶菌噁唑乳油1000倍液。隔7~10天喷药1次，连续喷3~4次。温室中也可用20%噻菌灵烟剂0.3~0.5kg/亩熏烟。

提示　灰霉病病菌易产生抗药性，同一种杀菌剂在一个生长期内最多使用2~3次，要注意不同类型杀菌机理的杀菌剂应交替使用。

16. 茄子假尾孢褐斑病 >>>>

〔症状〕

该病主要为害叶片。发病时叶片上的病斑近圆形或不规则形，黄色至褐色，有时具不明显轮纹（图1-32）。

图1-32 茄子假尾孢褐斑病病斑

〔病原〕

病原菌为 *Pseudocercospora solani-melongenicola* Goh & Hsieh，称为茄生假尾孢，属于半知菌门真菌。

〔发病规律〕

病菌主要以分生孢子或菌丝体在土壤中的病残体上越冬。第二年春天产生分生孢子通过气流或雨水飞溅传播，进行初侵染和再侵染。湿度大时发病重。

〔防治方法〕

1）前茬收获后及时清除病残株，减少初侵染菌源，可有效控制病害的发生。

2）加强栽培管理。及时通风，浇水要小水勤灌，避免大水漫灌，降低棚内湿度。

3）药剂防治。发病初期可喷洒 25% 的咪鲜胺乳油 1500 倍液，或 50% 的苯菌灵可湿性粉剂 1500 倍液，或 25% 的异菌脲悬浮剂 1000 ~ 1500 倍液，或 70% 的甲基硫菌灵可湿性粉剂 1000 倍液。每 7 ~ 10 天喷 1 次。

17. 茄子茎腐病 >>>>

〔症状〕

受害植株茎基部变为褐色至黑色并缢缩（图 1-33），割开维管束可见维管束变为褐色（图 1-34）。因维管束病变影响水分及营养运输，常导致植株萎蔫（图 1-35）。

图 1-33　茄子茎腐病茎基部变为褐色至黑色

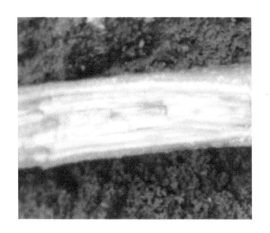

图1-34　茄子茎腐病维管束变褐

图1-35　茄子茎腐病植株萎蔫

37

〔病原〕

病原菌有 2 种，分别为 *Fusarium oxysprorum*（尖孢镰刀菌）和 *Phytophthora nicotianae*（烟草疫霉），前者属于半知菌门真菌，后者属于鞭毛菌门真菌。

〔发病规律〕

病菌随病残体在土壤中越冬，多由根颈部或伤口侵入，引起发病。两种病菌在 10～15℃ 均能生长，降雨多、土壤湿度大，该病发病重。

〔防治方法〕

1）及时清除发病植株。

2）与非茄科植物实行 3 年以上轮作。

3）采用新土育苗或床土消毒。每平方米用75%的百菌清可湿性粉剂18g，与5kg 土拌匀，然后将30%～50%药土撒于地面上，播种后将其余药土覆盖种子。

4）发病初期喷洒50%的多菌灵可湿性粉剂 1000 倍液，或54.5%的噁霉·福可湿性粉剂 800 倍液，或50%的烯酰吗啉·代森锰锌可湿性粉剂 1000 倍液，或70%的呋酰·锰锌可湿性粉剂 800 倍液，或84.5%的霜霉威·乙膦酸盐可溶性水剂 500 倍液，隔 7～10 天喷 1 次，连喷 3～4 次。

提示　应在种子消毒的基础上重点做好土壤消毒工作，灭杀土壤中的病原菌。

18. 茄子菌核病 >>>>

〔症状〕

病害可为害叶片、茎秆、果实等多个部位。叶片发病，多从叶缘出现浅绿色或黄色病斑，随病情发展，成为水渍状"V"字形病斑（图1-36）。小枝受害，常从枝杈处发病，病部变褐缢缩（图1-37）。湿度大时出现白色菌丝。侵染茎秆，茎秆变为褐色，后期茎秆上出现鼠粪状黑色菌核（图1-38）。湿度过大时，茎秆呈湿腐状。为害果实，果实软腐似水烫状，后期也出现黑色菌核（图1-39）。

图1-36 茄子菌核病叶片发病典型症状

〔病原〕

病原菌为 *Sclerotinia sclerotiorum*（Lib.）de Bary，称为核盘菌，属于子囊菌门真菌。菌核由菌丝变态后的疏丝组织和拟薄壁

39

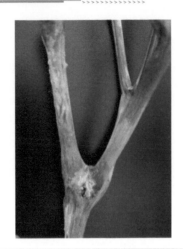

图1-37 茄子菌核病枝杈处易发病

图1-38 茄子菌核病茎秆上形成菌核

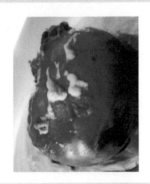

图1-39 茄子菌核病果实发病症状

组织形成，内部为白色的疏丝组织，外部为拟薄壁组织，黑色。菌核萌发产生子囊盘，子囊盘柄较长，为2.8~46.5mm，子囊盘黄褐色至深褐色，直径为2.1~5.7mm。子囊盘上产生子囊，棍棒状，内含8个子囊孢子，子囊孢子单胞，长椭圆形或不规则形，无色。

〔发病规律〕

病菌以菌核在土壤中越冬，是病害初侵染源。第二年春天，环境条件合适时，菌核萌发产生子囊盘、子囊和子囊孢子，子囊孢子成熟后从子囊盘弹出，靠气流传播到植株上侵染。子囊孢子一般先侵染抵抗力低下的衰老组织完成初侵染，植株发病后，形成的菌丝可通过雨水、农事操作等侵染其他植株形成再侵染。病菌喜温暖潮湿的环境，发病的温度范围5~24℃；最适发病环境为温度18~20℃，相对湿度85%以上。地势低洼、排水不良、种植过密、通风透光差、氮肥施用过多的田块发病较重。

〔防治方法〕

1）深翻土壤。深翻土壤可将菌核埋入地底深处，抑制其萌发。

2）合理施肥。施足基肥，增施磷钾肥，避免偏施氮肥。

3）种子消毒。播种前用50~55℃的温汤浸种10~15min，移入冷水，然后取出晾干后播种。

4）土壤消毒。每平方米用50%的多菌灵可湿性粉剂9g，与干细土10g拌匀后撒施，消灭菌源。

5）药剂防治。发病后可喷洒40%的菌核净可湿性粉剂500倍液，或50%乙烯菌核利可湿性粉剂1000~1500倍液，或50%的腐霉利可湿性粉剂1500倍液，或50%的异菌脲可湿性粉剂1500倍液，或50%的福·异菌可湿性粉剂800倍液，有条件的可选用上述药剂的粉尘剂喷粉或采用常温烟雾施药，防治效果更理想。

📢 **提示** 茄子菌核病前期与疫病症状相似，需认真区分，必要时可采取镜检鉴定。有孢子囊及孢子的为疫病，没有孢子的则是菌核病。

19. 茄子枯萎病 >>>>

〔症状〕

枯萎病又称"萎蔫病"，是一种防治困难的维管束系统病害。发病初期，叶片在中午高温期间出现暂时性萎蔫；若发病时间过长，会导致叶片萎蔫枯死，后期发病严重时整株萎蔫（图1-40）。剥开植株茎秆，可见维管束发生病变，成为褐色（图1-41）。

图1-40　茄子枯萎病发病植株

图1-41 茄子枯萎病维管束变褐

〔病原〕

病原菌为 *Fusarium oxysporum* f. sp. *melongenae* Matuo et lshigami Schlecht.，称为尖镰孢菌茄专化型，属于半知菌门真菌。

〔发病规律〕

病菌主要以菌丝体和厚垣孢子在土壤中越冬，也可以菌丝体在种子上越冬。分苗、定植时病菌可从根系伤口、自然裂口侵入，到达维管束，在维管束内繁殖，堵塞导管，阻碍营养水分运输，引起叶片萎蔫、枯死。高温高湿、土壤板结、施用未腐熟粪肥，或连茬年限长，发病重。

〔防治方法〕

1）农业措施。进行轮作，有条件的地区提倡水旱轮作，杀灭土壤中的病菌。发现病株，及时拔除，并撒施生石灰消毒。

2）种子消毒。播前用52℃温水浸种30min，或用50%的多菌灵可湿性粉剂500倍液浸种1h，洗净后播种。

3）药剂防治。发病初期喷洒50%的多·硫悬浮剂500倍液，或54.5%的噁霉·福可湿性粉剂800倍液，此外可用77%的氢氧化铜可湿性粉剂500倍液或12.5%的增效多菌灵可溶性液剂200倍液灌根，用量为每株100～150mL，隔7～10天灌1次，连续灌3～4次。

> 提示　茄子最好采用高垄栽培，雨后及时排水。种植前进行土壤消毒。

20. 茄子链格孢拟黑斑病 >>>>

【症状】

该病主要为害叶片。病斑数量较多，初为水浸状褐色小点，后扩展为黄色至褐色、近圆形至不规则形病斑（图1-42）。湿度大时叶片背面出现黑色霉状物（分生孢子梗及分生孢子）（图1-43）。

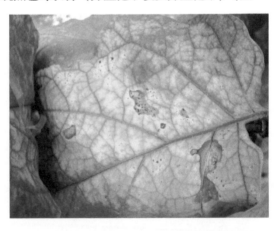

图1-42　茄子链格孢拟黑斑病典型症状

**图1-43　湿度大时叶片背面出现黑色霉状物
（分生孢子梗及分生孢子）**

〔病原〕

病原菌为 *Alternaria alternata*（Fr.）Keissl.，称为链格孢，属于半知菌门真菌。

〔发病规律〕

病菌主要在病残体上越冬。初侵染完成后靠孢子随风雨传播进行再侵染。在风雨天，雨滴飞散和雨水反溅，有利于病害发生。

〔防治方法〕

1）加强温室内温湿度的调控。保障植株间通风、透光，降低湿度，同时温度不要太低。

2）加强水肥管理。一次浇水不要太多，及时补充植株营养，使植株生长旺盛，防止早衰。

3）及时清除病残体，减少菌源量。病叶、病果需及时运出棚外并销毁。

4）药剂防治。发病前可用 15% 的百菌清烟剂预防，每亩用药剂 250～300g。发病初期及时喷洒 10% 的苯醚甲环唑水分散粒剂 1500 倍液，或 25% 的嘧菌脂胶悬剂 1500 倍液，或 60% 的多菌灵盐酸盐可溶性粉剂 800 倍液，或 50% 的甲基硫菌灵可湿性粉剂 800 倍液，或 50% 的苯菌灵可湿性粉剂 1500 倍液等。

21. 茄子煤污病 >>>>

【症状】

煤污病病菌为外寄生菌，主要影响植物的光合作用，可为叶片、果实、花萼、茎秆等部位。叶片发病，叶面出现褐色至黑色霉状物（图 1-44），后期霉层加厚，严重影响叶片的光合作用（图 1-45）。叶片背面可见白粉虱、蚜虫等害虫活动。为害果实，青果、着色后的果实均可受害，影响果实着色，导致着色不良。

图 1-44　茄子煤污病病叶（一）

图1-45 茄子煤污病病叶（二）

〔病原〕

病原菌为 *Meliola spp.*，小煤炱属真菌，属于子囊菌门真菌。

〔发病规律〕

煤污病主要因蚜虫、白粉虱等分泌的蜜露滋生所致，故害虫为害重，病害发生重；害虫为害轻，病害发生轻。

〔防治方法〕

1）防治蚜虫、白粉虱。喷洒10%的烯啶虫胺可溶性液剂1500倍液，或25%的噻嗪酮可湿性粉剂1000倍液，根据害虫发生情况，每7～10天喷1次。

2）药剂防治。发病初期喷洒47%的春雷·王铜可湿性粉剂600倍液，或36%的甲基硫菌灵悬浮剂600倍液，每7天喷1次，连防2～3次。

> ⚠️ **注意** 茄子栽培时要合理密植，保持植株间通风透光。

22. 茄子青枯病 >>>>

〔症状〕

先在中午温度高时植株叶片出现萎蔫，早上及傍晚温度低时尚能恢复，几天后萎蔫叶片不能够再恢复，整株叶片枯死，但短期内叶片仍保持青绿色且不脱落（图1-46）。割开茎部可见维管束变褐（图1-47），用手挤压切口可见白色菌脓。

图1-46　茄子青枯病病株

图1-47 茄子青枯病维管束变褐

【病原】

病原菌为 *Pseudomonas solanacearum*（Smith）Smith.，称为青枯假单孢，属于细菌。

【发病规律】

病菌主要随病残体遗留在土壤中越冬，多从根部或茎基部伤口侵入，通过雨水、灌溉水、农事操作等传播。高温和高湿的环境有利于青枯病的发生。雨后转晴，气温急剧上升时会造成病害的严重发生。土壤呈微酸性时发病重。

【防治方法】

1）农业防治。收获后及时清除病残体，与非茄果类作物实行轮作。

2）种子消毒。种子可用55℃温水浸种15min。

3）调节土壤酸度。青枯病菌喜欢微酸性土壤，因此可以结合整地撒施适量石灰，使土壤呈微碱性，以抑制病菌生长，减少发病。一般每亩施用100kg左右。

4）嫁接防病。一般认为利用托鲁巴姆做砧木，可同时预防枯萎病、黄萎病及青枯病。

5）药剂防治。发病初期喷72%的农用硫酸链霉素可溶性粉剂3000倍液，或23%的氢铜·霜脲可湿性粉剂800倍液，或3%的中生菌素可湿性粉剂800倍液。每隔7天喷1次，连续喷洒3~4次。

提示　最好不要在阴雨天进行农事操作，以免造成伤口，引起病菌侵染。

23. 茄子绒菌斑病 >>>>

〔症状〕

该病主要为害叶片。叶片正面首先出现边缘模糊的黄色褪绿斑（图1-48），后病斑转为褐色至紫色，病斑背面出现褐色至紫色的绒状霉层（图1-49）。

〔病原〕

病原菌为 *Mycovellosiella nattrossii* Deghton，称为灰毛茄菌绒孢，属于半知菌门真菌。分生孢子形态见图1-50。

图1-48 茄子绒菌斑病初期叶面症状

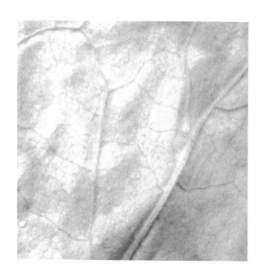

图1-49 茄子绒菌斑病后期病斑背面出现褐色霉状物

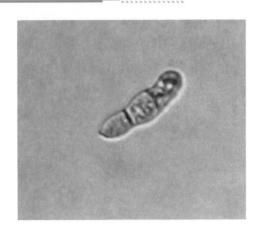

图1-50 病原菌分生孢子形态

〔发病规律〕

病菌以菌丝体或分生孢子在病残体中越冬。第二年以分生孢子进行侵染，随气流、雨水、灌溉水等传播。高温高湿发病重。

〔防治方法〕

1）增施有机肥或有机活性肥，注意氮磷钾配合，避免缺肥，增强寄主抗病力。

2）及时清除病残体，降低菌源量。

3）发病初期及时喷洒50%的多菌灵磺酸盐可湿性粉剂800倍液，或25%的醚菌酯悬浮剂1000～1500倍液，或10%的苯醚甲环唑水分散粒剂1500倍液等。

提示　茄子绒菌斑病提倡以预防为主，一旦发病较难控制。唑类药剂效果较好，但花前生长期应注意用量及次数，以免抑制生长。

24. 茄子炭疽病 >>>>

〔症状〕

该病主要为害叶片及果实。叶片发病出现近圆形褐色病斑（图1-51）。果实受害出现近圆形凹陷病斑，后期病斑上出现黑色或红色小粒点（分生孢子盘）。

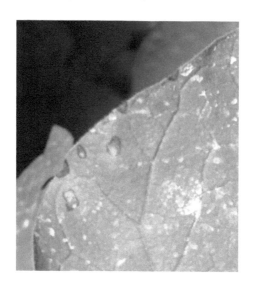

图1-51 茄子炭疽病病斑

〔病原〕

病原菌为 *Colletotrichum spp.* ，称为刺盘孢，属于半知菌门真菌。

〔发病规律〕

病菌以菌丝体或分生孢子在病残体中越冬，主要靠雨水飞溅或灌溉水传播。绿果期即可侵染，一般着色后发病。多雨、大雾利于发病，成熟果易发病。

〔防治方法〕

1）选用抗病品种。

2）及时清除病残体，适时放风降湿，降低棚内湿度。

3）药剂防治。预防及防治可选用以下药剂：28％的百·霉威可湿性粉剂 500 倍液，或 50％的甲基硫菌灵可湿性粉剂 500 倍液，或 77％的氢氧化铜可湿性粉剂 500 倍液，或 64％的噁霜·锰锌可湿性粉剂 500 倍液等。

25. 茄子细菌性褐斑病 >>>>

〔症状〕

该病主要为害叶片。多从叶缘开始发病，先出现不规则形褐色小病斑，后随病情发展，病斑不断融合为大病斑并导致叶片卷曲。因病菌产生毒素，病斑外缘多具黄色晕圈（图 1-52）。

图 1-52 茄子细菌性褐斑病典型症状

【病原】

病原菌为 *Pseudomonas cichorii*（Swingle）Stapp.，称为菊苣假单胞，属于细菌。

【发病规律】

病菌以菌体在土壤中越冬，多通过水滴溅射或人为操作传染发病，主要从水孔或伤口侵入，发病适温为 16～23℃，一般低温期发病较重。

【防治方法】

1）选用抗病品种。

2）种子消毒。温汤浸种可用 50℃ 热水浸种 30min。药剂处理可用种子重量 0.3% 左右的 50% 琥胶肥酸铜可湿性粉剂拌种。浸种后的种子用水充分冲洗后晾干播种。

3）加强栽培管理。合理浇水，及时通风，降低棚内湿度。

4）药剂防治。发现病株及时进行防治。可选用 77% 的氢氧化铜可湿性粉剂 500～800 倍液，或 72% 的农用链霉素可湿性粉剂，或 90% 的链·土可溶性粉剂 3500 倍液，或 20% 的叶枯唑可湿性粉剂 500 倍液，每 7 天喷 1 次，喷 2～3 次。也可用上述药剂进行灌根，每株用量 150mL 左右。

 提示　雨后及时排水，发病重的地区进行土壤消毒。

26. 茄子细菌性软腐病 >>>>

【症状】

该病主要为害果实。果实发病处透明状，易腐烂，有臭

55

味（图1-53），后期病果常失水干缩。为害花时症状同果实类似（图1-54）。

图1-53 茄子细菌性软腐病果实受害状

图1-54 茄子细菌性软腐病花受害状

〔病原〕

病原菌为 *Erwinia carotovora subsp. carotovora*（Jones）Bergey et al.，为胡萝卜软腐欧文氏菌胡萝卜软腐致病型，属于细菌。

〔发病规律〕

病菌随病残体在土壤中越冬。腐生性强，从植物表面的伤口侵入，在扩展过程中分泌原果胶酶，分解寄主细胞间中胶层的果胶质，使细胞解离崩溃、水分外渗，病组织呈软腐状。

〔防治方法〕

1）防止产生伤口。蛀食害虫、整枝打杈等农事操作会造成伤口，引起病菌侵染。

2）农业防治。收获后及时清除病残体，与非茄果类作物实行轮作。

3）种子消毒。种子可用55℃温水浸种15min。

4）药剂防治。发病初期喷72%的农用硫酸链霉素可溶性粉剂3000倍液，或23%的氢铜·霜脲可湿性粉剂800倍液，或3%的中生菌素可湿性粉剂800倍液。每隔7天喷1次，连续喷洒3～4次。

 注意　发病重的果实最好及时摘除并带到棚外销毁。

27. 茄子细菌性叶枯病 ＞＞＞＞

〔症状〕

叶片出现大量米黄色小点，后期小点容易联合在一起（图1-55）。

图1-55 茄子细菌性叶枯病病叶上的米黄色小点

〔病原〕

病原菌为 *Xanthomonas campestris* pv. *cucubitae*（Bryan）Dye，称为野油菜黄单胞菌黄瓜叶斑病致病变种，属于细菌。

〔发病规律〕

病菌主要以菌体在种子或病残体上越冬，随种子调运及雨水溅射传播。

〔防治方法〕

1）选用抗病品种。

2）种子消毒。选用无病株留种，并进行种子消毒。可用55℃温水浸种15min，或40%的福尔马林150倍液浸种1.5h，或100万单位农用链霉素500倍液浸种2h，用清水洗净药液后催芽播种。也可将干燥的种子放入70℃温箱中干热灭菌72h。

3）清洁土壤。用无病菌土壤育苗，与非茄果类蔬菜实行2

年以上轮作。生长期及收获后清除病残组织。

4）加强栽培管理。温室中栽培中要注意避免形成高湿条件，覆盖地膜，膜下浇水，小水勤浇，避免大水漫灌，降低田间湿度。进行各种农事操作时避免造成伤口。

5）药剂防治。发现病叶后及时摘除，并喷洒60%的琥·乙磷铝（DTM）可湿性粉剂500倍液，或14%的络氨铜水剂300倍液，或50%的甲霜铜可湿性粉剂600倍液，或3%的中生菌素可湿性粉剂1000倍液，根据病情发展情况，每5~7天喷洒1次，连喷2~3次。

28. 茄子细轮纹病 >>>>

〔症状〕

发病时叶片出现圆形或近圆形褐色病斑，病斑有多轮细密的轮纹（图1-56）。

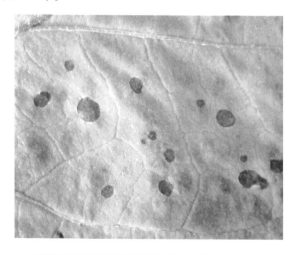

图1-56 茄子细轮纹病病斑具有纤细轮纹

【病原】

病原菌为 *Phoma pomarum* Thüm.，称为仁果茎点霉或楸子茎点霉，属于半知菌门真菌。

【发病规律】

病菌以菌丝体和分生孢子器在病残体上越冬，第二年产生分生孢子从叶片侵入，田间湿度高，偏施氮肥发病重。

【防治方法】

1）农业防治。清除田间病残体，增施磷钾肥，合理密植。

2）药剂防治。前期可用10%百菌清烟剂预防病害，用量为250~350g/亩。病害发生后及时用药，可用50%的咪鲜胺可湿性粉剂1500~2000倍液，或40%的氟硅唑乳油8000倍液，或10%的多抗霉素可湿性粉剂600倍液，或50%的异菌脲可湿粉剂1500倍液等。每7天喷1次，连续防治3~4次。喷药时间以在晴天上午9~10点钟或下午4~5点钟为宜。

29. 茄子疫病 >>>>

【症状】

主要为害果实，近地面果实先发病，初为水渍状近圆形褐色病斑，后可扩大至整个果实。病斑稍凹陷。湿度大时，病部表面长出茂密的白色棉絮状菌丝（图1-57），病果易脱落。叶、茎、花等部位感病，出现水渍状、暗绿色或深褐色病斑，茎及小枝受害出现褐色至紫色长条形凹陷病斑（图1-58），易折断。幼苗被害，茎基部呈水渍状坏死，引起猝倒。

图1-57 茄子疫病为害果实

图1-58 茄子疫病分叉处受害状

〔病原〕

病原菌为 *Phytophthora parasitica* Past. （寄生疫霉）和 *P. capsici Leon.* （辣椒疫霉），均属于鞭毛菌门真菌。

〔发病规律〕

主要以菌丝体或卵孢子随病残体在土壤里越冬。第二年萌发形成孢子囊，产生游动孢子，随雨水传播，侵染寄主。发病后再产生大量游动孢子进行再侵染。低温多雨条件下发病重。

〔防治方法〕

1）加强栽培管理，提倡轮作，注意控制浇水，降低棚内湿度，并增施磷、钾、钙肥。

2）高温闷棚。晴天中午可密闭大棚，使棚内温度升至35℃左右，保持2h，可杀灭部分病原菌。

3）药剂防治。保护地棚室提倡使用烟剂熏蒸和粉尘药剂防治。烟雾法，即发病前或发病初期每亩用45%的百菌清烟剂220g，均匀放在垄沟内，将棚密闭，点燃熏烟。熏1夜，次晨通风，隔7天熏1次，可单独使用，也可与粉尘法、喷雾法交替轮换使用。发现中心病株后喷洒70%的乙磷·锰锌可湿性粉剂500倍液，或72%的霜脲·锰锌可湿性粉剂800倍液，或72.2%的霜霉威盐酸盐水剂800倍液，每7~10天防1次。

📢 **提示**　雨后及时排水并注意土壤消毒，可有效预防该病的发生。

30. 茄子早疫病 >>>>

〔症状〕

叶片发病先出现褐色小点，后扩展为圆形或近圆形病斑，轮纹明显（图1-59），湿度大时病斑出现黑色霉层。为害茎及叶柄时，发病部位多在分叉处，病斑黑褐色，椭圆形或梭形。

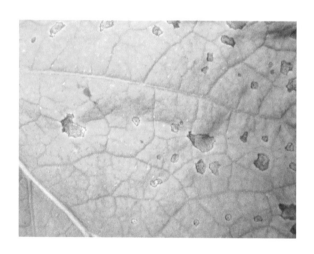

图1-59 茄子早疫病病叶

〔病原〕

病原菌为 *Alternaria solani*（Ellis et Martin）Jones et Grout，称为茄链格孢，属于半知菌门真菌。

〔发病规律〕

以菌丝体或分生孢子随病残体在土壤中越冬。第二年借气流或雨水传播，可直接侵染或从气孔等孔口侵入，形成病斑后产生分生孢子进行再侵染。降雨多、空气湿度大发病重。

〔防治方法〕

1）农业防治。采收后及时清除病残体。有机肥要充分腐熟。禁止大水漫灌，雨后及时排水，通风透光，降低湿度。

2）药剂防治。发病初期喷75%的百菌清可湿性粉剂600～800倍液，或50%的苯菌灵可湿性粉剂1500倍液，或40%的多·硫悬浮剂500倍液。每隔10天喷1次，连续2～3次。

提示　阴雨天不适宜喷雾防治的情况下可利用烟雾剂熏棚防治。

二、生理性病害

1. 茄子2, 4-D药害 >>>>

〔症状〕

茄子果实脐部向外突出呈"奶头状"（图2-1），严重时脐部开裂成星状（图2-2）。叶片则表现为展开受抑制。

图2-1　茄子2, 4-D药害果实脐部突起

图2-2　茄子2, 4-D药害果实脐部开裂

〔病因〕

茄子种植管理过程中使用过多或浓度过大的2,4-D蘸花药所致。

〔防治方法〕

1）按相应规范使用2,4-D蘸花药，根据品种、温度合理选用药剂含量及使用量。

2）出现症状后，加强肥水供应，减轻为害。

⚠ **注意**　2,4-D的施用浓度及施用量与温度有较大关系，应严格按规定使用。

2. 茄子氨气为害 >>>>

〔症状〕

叶片受害重。叶片的叶脉间出现大量枯白色或黄白色坏死斑（图2-3），严重时叶片整叶枯死，影响植株生长。

图2-3 茄子氨气为害症状

〔病因〕

使用未腐熟的粪肥或其他可产生氨气的肥料过多，会从土壤中释放大量氨气，为害植株。

〔防治方法〕

1）使用充分腐熟的粪肥，肥料不要一次使用过多，速效肥与缓释肥搭配使用。

2）发现为害后，及时通风，稀释氨气浓度。

3）向叶面喷洒水或芸苔素内酯促进植株生长，缓解症状。

提示 施用底肥时，粪肥要腐熟，同时翻入土中的深度不能过浅，可减轻氨气逸出及为害。

3. 茄子保果激素滴在叶片上 >>>>

〔症状〕

叶片受害部凹凸不平，呈疱疹状，颜色较正常部位深（图2-4）。

图2-4 茄子保果激素滴在叶片上

〔病因〕

茄子保果激素（蘸花药）滴落到叶片上引起。

〔防治方法〕

1）蘸花时注意不要将药液滴在叶片上。

2）药害发生后，视为害程度，喷洒1.4%的复硝酚钠水剂5000倍液，或0.136%的芸苔·吲乙·赤霉酸可湿性粉剂10000倍液。

提示　受害严重的老叶应及时摘除。

4. 茄子出苗不齐 >>>>

〔症状〕

田间或棚室内的茄子苗高低不一致，不利于田间管理。

〔病因〕

苗期过多施肥，尤其是未腐熟的粪肥，容易引起烧苗或断苗，导致茄苗生长不一致，形成高低苗（图2-5）。

图2-5　茄子施用鸡粪过多，出苗不齐

〔防治方法〕

1）肥料不要一次使用过多。

2）粪肥应使用充分腐熟的，提倡速效肥与缓释肥搭配使用。

5. 茄子除草剂药害 >>>>

〔症状〕

叶片受害重。初期叶缘附件出现褪绿黄斑，受害程度不同，黄斑大小及发展速度不一（图2-6、图2-7），严重时叶片大部黄化（图2-8），后期受害重的叶片干枯死亡。

图2-6 茄子除草剂
药害症状（一）

图2-7 茄子除草剂
药害症状（二）

图2-8 茄子除草剂
药害症状（三）

〔病因〕

蔬菜田除草时使用对作物敏感的除草剂，或因棚室外使用除草剂飘散进棚内引起。用使用喷洒过除草剂而未清洗的喷雾器喷洒农药也会引起除草剂药害。

〔防治方法〕

1）喷洒除草剂使用专用喷雾器，贴上标签，避免使用此喷雾器喷洒其他农药。

2）及时去掉受害严重叶片，通过浇水及叶片喷水减轻为害。

3）喷洒1.8%的复硝酚钠水剂5000～6000倍液，促进植株细胞质流通，有助于恢复生长。

⚠️ **注意** 喷洒农药前一定要确定所用喷雾器是否为喷洒除草剂使用过的喷雾器。

6. 茄子氮过剩 >>>>

〔症状〕

主要表现为叶片颜色浓绿，叶片表面凹凸不平（图2-9），水肥条件适宜时植株容易发生徒长（图2-10）。

图2-9 茄子氮过剩叶色浓绿，表面凹凸不平

图2-10 茄子氮过剩植株徒长

〔病因〕

过多施用氮肥，土壤中氮元素含量偏高，导致叶片合成叶绿

素过多引起。

〔防治方法〕

1）合理施肥，不偏施氮肥，提倡测土配方施肥。

2）土壤中氮元素含量过高时可利用秸秆还田分解掉部分氮元素。

3）利用浇水渗透降低部分氮元素含量。

提示　氮元素过剩严重的土壤可采取大水漫灌洗盐的方式改善土质。

7. 茄子低温障碍 >>>>

〔症状〕

叶片、果实均可受害。叶片出现扭曲黄化症状（图2-11），温度越低、低温持续时间越长，受害越重。果实发病，果面常出现褐色不规则形水渍状病斑。

图2-11　茄子低温障碍植株生长缓慢、叶片发黄

〔病因〕

作物在低温环境中，对各种养分的正常吸收和利用受到影响，也会影响蒸腾作用等生理活动，造成缺素症和各种生长异常现象。

〔防治方法〕

1）选用耐低温品种。

2）对幼苗进行低温锻炼，提高抗逆性。

3）采用地膜覆盖、地面覆草等措施提高地温；气温过低时，可采用加开补光灯等方法提高棚内温度。

4）露地栽培时，早期采用地膜"近地面覆盖"的形式覆盖幼苗。

提示　预防低温障碍、提高棚室的温度是关键，要求修建的棚室质量过硬、保温性能好。

8. 茄子肥害 >>>>

〔症状〕

叶片受害重。下部叶片一般先发病，叶片上出现黄色至褐色坏死斑（图 2-12），后病斑呈干枯状（图 2-13），严重时叶片卷曲，坏死严重。

〔病因〕

化肥使用过多，土壤内盐离子含量过高所致。

〔防治方法〕

1）测土配方施肥。

图 2-12 茄子肥害受害状（一）

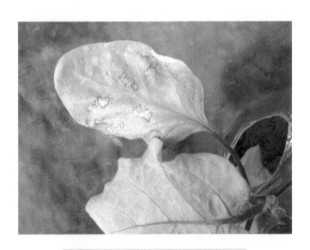

图 2-13 茄子肥害受害状（二）

2）多施腐熟有机肥，减少化肥使用量。

3）发病后多浇水，放风排气，必要时可喷洒海藻酸等叶面肥促进恢复。

提示　目前，肥害的发生频率越来越高，主要因为"多施肥多结果"的不正确观念。土地饱和后施肥再多也不会提高产量，反而会破坏土壤结构，造成减产。

9. 茄子花打顶 >>>>

〔症状〕

植株生长点附近节间变短，未到开花期就进行花芽分化，新叶部位未形成新叶而形成呈簇状的花（图2-14、图2-15），严重影响作物产量。

图2-14　茄子花打顶（一）　　　图2-15　茄子花打顶（二）

〔病因〕

花打顶主要因为营养生长受抑制转而进行生殖生长，如根系受伤、土壤过于干旱或过湿、化肥使用过多、地温过低等，影响营养水分的吸收；昼夜温差过大、生长前期温度低等也会抑制营养生长。

〔防治方法〕

1）培育健壮种苗。育苗期适度进行蹲苗、炼苗，促进根系发育。

2）进行温度调控。温度过低或过高时进行人工干预，创造植株发育的良好环境。

3）加强肥水管理。多施有机肥，注意施肥过程中不要误伤根系。适量浇水，避免冬季大水漫灌降低地温，影响根系吸收。

4）应急措施。发现花打顶后，适量去除雌花，同时喷施磷酸二氢钾 300 倍液；若因肥料使用过量引起花打顶，应及时浇水。

提示　花打顶的管理要点在于保持合理坐果量的基础上保障营养的充分供给。

10. 茄子畸形果 >>>>

〔症状〕

茄子果实表现奇形怪状，果形改变（图 2-16、图 2-17、图 2-18），严重影响商品价值。

〔病因〕

畸形果主要因环境异常引起，特别是花芽分化期环境不合适时容易引起。常见情况有：花芽分化期温度过低

图 2-16　茄子畸形果（一）

图2-17 茄子畸形果（二）

图2-18 茄子畸形果（三）

或过高、营养供应不足、病虫害严重导致植株生长衰弱，同时，日照不足、氮肥过多、生长失调，也易形成畸形果，特别是棚室作物用激素蘸花，使用浓度、时期、部位不当时最易引起畸形果的发生。

【防治方法】

1）选择对低温不敏感而商品性好的高产品种。

2）在花芽分化期要设法提高温度，使花芽分化、发育正常进行。

3）平衡施肥，不要偏施氮肥。

4）正确使用生长激素，要做到因地、因时，使用适宜的含量。

5）及时防治病虫害，保持植株健康生长。

提示　畸形果预防的关键在于植株花芽分化期间提供良好的温度、湿度及营养条件。

11. 茄子畸形花 >>>>

【症状】

畸形花的症状多呈花色淡化，花柱长度较正常花为短，在雄蕊花药下方，也称短柱花（图2-19）。

【病因】

不良环境，如营养不足、夜温过高、光照弱、病虫害发生严重等因素可引起花芽分化不良，形成畸形花。

图2-19　茄子畸形花

〔防治方法〕

1）加强植株水肥管理，尤其是花芽分化期要保障花芽分化所需的营养。

2）保持夜温不要过高，合理加大昼夜温差，减少植株营养消耗。

3）阴雨天可适时提供人工补照。

12. 茄子激素中毒 >>>>

〔症状〕

激素中毒的症状主要表现在叶片。叶面出现疱疹状突起，叶片呈"鸡爪状"（图2-20）。受害重时叶片呈条状，叶缘缺刻增多，与蕨叶病毒为害症状相似（图2-21）。部分敏感品

图2-20 茄子激素中毒轻度受害状（一）

种发病时叶片出现扭曲畸形（图2-22）。一般来说，新叶受害重，症状明显，老叶及受害轻的叶片症状不甚明显，在生产中易被忽略。

图2-21 茄子激素中毒轻度受害状（二）

图2-22　茄子激素中毒叶片畸形

〔病因〕

蔬菜生产管理过程中，常需要各种激素来调节植株的生长，若用量过大或含量过高易导致激素中毒。

〔防治方法〕

1）使用激素时应按规定含量。同时应结合气温及不同蔬菜品种，确定激素的适宜含量。温度高时激素使用含量要相应降低。

2）发现症状后，可用生理平衡剂100g、白糖100～150g，兑水35kg进行叶面喷雾，连喷2～3次。激素中毒中后期用5～7mL胺盐兑水12.5kg进行喷施，每5～6天喷1次，可减轻为害，促进生长。

⚠ **注意**　激素多种多样，过量使用容易引起植株早衰，栽培中应结合经验及天气情况确定合理使用量。

13. 茄子急性失水 >>>>

〔症状〕

叶片上出现大小不一的枯白色白纸状干枯斑（图 2-23、图 2-24）。

图 2-23　茄子急性失水（一）　　图 2-24　茄子急性失水（二）

〔病因〕

环境中风速较大、温室大棚内温度高时放风过急引起叶片短时间内大量失水所致。

〔防治方法〕

1）风速大、温度高时放风应缓慢进行，逐渐将放风口拉开。

2）喷洒 1.8% 复硝酚钠可湿性粉剂 5000～6000 倍液。

 提示　白天温度超过 30℃ 时，可向叶片喷洒一些清水。

14. 茄子僵果 >>>>

〔症状〕

茄子果实萎缩，发育停滞，个头小，用手摸有僵硬感（图2-25、图2-26）。

图2-25 茄子僵果生长停滞

图2-26 茄子僵果

〔病因〕

主要因为茄子开花后受精不良，如果地温或气温过低，尤其是气温低于12℃或高于30℃、根系弱时，导致受精受阻，容易形成僵果。

〔防治方法〕

1）保证育苗时的温度条件。一般白天保持22～28℃，夜温15～17℃。

2）温室栽培中应满足茄子正常生长发育的温光条件。

3）茄子坐果后，叶面可喷施1%的尿素与0.3%的磷酸二氢钾混合液，促进植株生长，增加光合产物积累。

提示　茄子开花受精期间若遇连阴天等不良天气，应通过加开补光灯等措施补充光照、提高温度。

15. 茄子空洞果 >>>>

〔症状〕

茄子空洞果外形多有棱角（图2-27），受害程度不同，棱角多少及深浅有差异，切开果实可见果实内部有大小不一的空洞（图2-28）。

〔病因〕

茄子受精期间遇低温、弱光或高温、营养不足等不利条件，花粉发育不良、生长势弱，不能正常坐果或坐果后难以膨大，导致果腔部膨大速度缓慢，跟不上果肉部的膨胀速度，致使果肉部

图 2-27　茄子空洞果果实多有棱角

图 2-28　茄子空洞果果实内部的空洞

与果腔部之间形成间隙或空洞。生长后期或晚形成的果实在营养缺乏的情况下也容易形成空洞果。

〔防治方法〕

1）加强光照和温度调控，尤其是茄子受精期间的温度及光照。遇低温弱光应加开补光灯、大功率电器等。高温条件下可采取遮阳网、降温剂等途径降低温度。

2）加强水肥供应。增施磷钾肥，合理施用氮肥，提高植株生长势，促进营养生长与生殖生长平衡发展。若有必要，可喷施叶面肥补充营养。定期浇水，保持土壤湿度适中。

3）摘心不宜过早，否则易引起养分不协调及营养不良，形成空洞果。

⚠️ **注意** 开花授粉期要保持良好的温度、水分条件及充足的营养供应。

16. 茄子冷风为害 >>>>

〔症状〕

叶片扭曲变形，叶面出现边缘清晰、不规则形白色或浅褐色干枯斑（图2-29）。

图2-29 茄子冷风为害症状

〔病因〕

该病是叶片被冷风吹引起的。

〔防治方法〕

1）选用耐低温品种。

2）对幼苗进行低温锻炼，提高抗逆性。

3）采用地膜覆盖、地面覆草等措施提高地温；气温过低时，可采用加开补光灯等方法提高棚内光照及温度。

4）露地栽培时，早期采用地膜"近地面覆盖"的形式覆盖幼苗。

提示　预防冷风为害的关键是修建的棚室质量合格、不透风撒气、保温性能好。

17. 茄子裂果 >>>>

〔症状〕

幼茄、成茄都可发生裂果。果实各个部位均可开裂，裂口大小、深浅不一（图2-30、图2-31）。但发生最多的是果蒂下部出现开裂，轻者仅在果蒂下边出现轻微裂口，重者裂口可致整个茄果纵裂。也有的在果实底部开裂，种子外翻裸露。

〔病因〕

主要因浇水过多、高温强光照射引起，特别是个别茄子品种果皮薄，成熟过度时更易发生。因农药使用过多导致果皮老化时也易发生裂果。

图 2-30 茄子裂果 (一)

图 2-31 茄子裂果 (二)

〔防治方法〕

1）种植果皮厚、不易裂果的品种。

2）果实成熟后及时采收。

3）合理浇水，不要一次浇水过多，避免大水漫灌。

4）在结果期喷洒硼肥、钙肥，增强果皮厚度及韧度，可有效减轻裂果为害。

 提示　预防裂果一定要控制好浇水量，均匀浇水。

18. 茄子露果 >>>>

〔症状〕

茄子果实内部的胎座组织、种子等外翻或向外裸露（图2-32）。

图2-32 茄子露果症状

〔病因〕

开花受精期温度过低、供水不均、硼元素缺乏、螨虫为害果实等因素易引起露果。

〔防治方法〕

1）在花芽分化期应适当提高温度，避免因温度过低造成花芽分化不良、花柱开裂形成裂果。

2）加强温室水分管理，避免土壤时干时湿。

3）花期及时补充硼元素并防治螨虫等害虫。

📢 提示　预防茄子露果的发生，重点在于保持茄子花芽分化期的良好环境及充足的营养供应。

19. 茄子沤根 >>>>

〔症状〕

幼苗期及成株期均可发生，前后症状类似。发病时植株叶片萎蔫，严重时下部叶片黄化（图2-33）。果实呈褪绿失水状。拔出根系，可见部分变为锈褐色（图2-34）。

图2-33　茄子沤根植株症状

〔病因〕

一次浇水施肥量过大，土壤中水分多、氧气少，抑制根系的

图 2-34 茄子沤根根部锈褐色

正常生理活动。

〔防治方法〕

1）合理浇水施肥，土壤不要过湿。

2）划锄松土，利于氧气进入土壤，有助于植株恢复生长。

⚠️ **注意**　根据植株生育期的需求控制好水肥使用量，不要一次大水大肥。

20. 茄子脐腐病 ▶▶▶▶

〔症状〕

茄子果实各时期均可发病，果实脐部出现水渍状病斑，并逐渐扩大，环境条件干燥时脐部病斑呈革质状凹陷（图 2-35）。

〔病因〕

土壤中钙含量不足或土壤干燥，植株难以吸收土壤中的钙元素，导致果实脐部细胞正常的生理活动受到抑制，引起发病。另有研究认为，土壤中水分不稳定，时多时少，也易引起发病。

图 2-35 茄子脐腐病脐部凹陷

〔防治方法〕

1）合理浇水，保持土壤不干不湿。

2）提倡地膜覆盖。有利于维持水分及钙元素的稳定，减少流失。

3）温度高、光照强时使用遮阳网，可降低蒸腾作用，有利于减轻发病。

4）补充钙肥。通常来说，结果后 1 个月内是吸收钙的关键时期。可喷洒 1% 的过磷酸钙，或 0.5% 的氯化钙加 5mg/kg 萘乙酸，或 0.1% 的硝酸钙及 1.4% 的复硝酚钠 5000～6000 倍液。从初花期开始，隔 10～15 天喷 1 次，连续喷洒 2～3 次。

提示　使用氯化钙及硝酸钙时，不可与含硫的农药及磷酸盐（如磷酸二氢钾）混用，以免产生沉淀。

21. 茄子缺氮 >>>>

【症状】

茄子氮元素缺乏时，中下部叶片先表现症状，叶片黄化褪绿（图2-36）。

图2-36 茄子缺氮引起中下部叶片黄化

【病因】

氮元素缺乏会影响光合作用的进行，进而影响植株正常生长。秸秆还田也会分解消耗较多的氮素，易引起发病。

【防治方法】

1）底肥施用足够发酵好的粪肥或有机肥。

2）当土壤中氮元素缺乏时及时补充氮肥，温度低时施用硝态氮肥效果好。

提示　硝态氮、铵态氮、酰胺态氮是氮肥的三种主要形式。在土壤中，尿素（酰胺态氮）水解为铵态氮，铵态氮氧化为硝态氮。一般来说，早春低温季节尿素和铵态氮的转化比较慢，夏季高温季节转化快。因此，气候较冷凉的地区和季节适宜使用硝态氮肥。

22. 茄子缺钙 >>>>

〔症状〕

叶片的叶尖叶缘常先褪绿萎缩（图2-37），植株生长缓慢，严重时新叶易出现坏死病斑（图2-38），生长点畸形。缺钙后植株对灰霉病的抗性降低，后期易形成僵果。

图2-37　茄子缺钙的典型症状

〔病因〕

土壤干旱、盐离子含量过高及植株根部受病虫危害，或水分

图 2-38　茄子缺钙严重时新叶出现坏死病斑

过多，氮肥施用过多导致钙元素吸收受影响所致。

〔防治方法〕

参见茄子脐腐病的防治方法。

23. 茄子缺钾　>>>>

〔症状〕

叶片褪绿黄化，缺钾严重时叶片叶脉间出现褪绿的黄色斑点（图 2-39）。

〔病因〕

土壤中钾含量低或施用过多氮肥、硼肥等会颉颃植株对钾元素的吸收，光照弱、温度低时也易发生。

图 2-39　茄子缺钾症状

〔防治方法〕

1）结果后适当追施硫酸钾、草木灰等含钾的肥料。

2）应急措施。叶面喷施 0.2% ~ 0.3% 的磷酸二氢钾水溶液补充钾肥。

⚠️ **注意**　钾元素与硼元素有较强的颉颃作用，施用硼元素过多有时也会引起缺钾症状。

24. 茄子缺镁 ▶▶▶▶

〔症状〕

主要在叶片上表现症状。叶脉间先出现模糊的黄化褪绿症状（图2-40），随之褪绿部分黄化明显（图2-41）。因镁元素在植株间移动性较好，故中下部叶片发病较重。

图2-40　茄子缺镁时轻度受害状

图2-41 茄子缺镁时中度受害状

〔病因〕

土壤中缺乏镁元素、根系吸收能力差、地温过低或钾肥用量大而抑制镁元素的吸收，均可引起发病。

〔防治方法〕

1）定植时施足有机肥。

2）提高地温，保障镁元素的吸收。

3）出现症状后喷施0.5%～1.0%的硫酸镁水溶液，每3～5天喷1次。

⚠️ **注意**　茄子对镁元素需求较多，应定期进行补充，以免缺乏。

25. 茄子缺锰 >>>>

〔症状〕

茄子缺锰时，叶片受害重，中上部叶片间出现边缘模糊的黄褐色病斑（图2-42）。

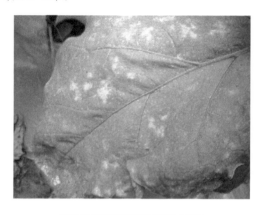

图2-42 茄子缺锰症状

〔病因〕

该病是土壤中锰元素含量不足所致。

〔防治方法〕

1）定植前土壤中撒施带有锰元素的底肥。

2）应急时可喷洒适量硫酸锰溶液或含有锰元素的叶面肥。

26. 茄子缺硼 >>>>

〔症状〕

该病主要表现为果实表面出现龟裂（图2-43），严重时木栓化龟裂斑布满果面。

〔病因〕

土壤酸化、施用过量石灰和钾肥及土壤干燥时易导致缺硼症。

97

图 2-43 茄子缺硼症状

〔防治方法〕

1）定植前土壤中施用含硼的肥料。

2）应急时可用 0.1% ~ 0.25% 的硼砂水溶液喷施叶面。

提示　花期及结果期后对硼元素的需求有较大增加，可利用螯合态硼元素及时补充。

27. 茄子缺铁 >>>>

〔症状〕

叶片表现为褪绿黄化，多从新叶叶柄部开始，向叶尖部位均匀发展（图 2-44），叶片较薄，一般无坏死斑点出现。

〔病因〕

引起植株缺铁的原因有多种：

图2-44 茄子缺铁症状

1）中性或偏碱性土壤，铁容易变成不溶物，阻碍吸收。

2）铁在作物体内移动慢，如果土壤过于干燥，或盐分积累过多而中断铁的吸收，导致幼芽缺铁。

3）如果作物吸收过多的锰和铜，因铁在体内被它们氧化，从而丧失活性。

4）土壤中的钙抑制铁的吸收，磷、锰、锌、铜也阻碍铁的吸收及其在体内的移动。

5）地温过低时易发生缺铁症状。

6）在土壤通气不良或盐渍化、根系受损时，影响根系的吸收能力也会使茄子缺铁。

〔防治方法〕

1）当土壤pH达到6.5～6.7时，就要禁止使用碱性肥料而改用生理酸性肥料。当土壤中磷过多时可采用深耕等方法降低其含量。

2）应急对策。如果缺铁症状已经出现，可用0.5%～1%的硫酸亚铁水溶液对茄子喷施，也可用柠檬铁100mL/kg水溶液喷施。

⚠ **注意** 过多施用磷肥，过剩的磷易与铁结合，引起铁的不足。

28. 茄子日灼病 >>>>

〔症状〕

日灼病表现为果实向阳面颜色变浅呈黄褐色（图2-45），后期斑面上长黑色或粉红色霉状物（腐生菌）。

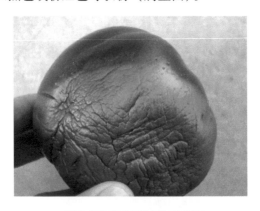

图2-45 茄子日灼病症状

〔病因〕

因光照过强，果实局部受热，灼伤表皮细胞引起，一般叶片遮阴不好，土壤缺水或天气干热过度、雨后暴热，均易引发此病。

〔防治方法〕

1）合理密植。使叶片互相遮阴，或与高秆作物（如玉米等）间作，避免果实暴露在强光下。

2）采用遮阳网覆盖，避免太阳光直射果实。

3）向植株喷水有助于降温，可减轻受害。

提示　增施有机肥，有助于提高土壤的保水能力，减轻日灼病的发生。

29. 茄子亚硝酸气体为害 >>>>

〔症状〕

叶片受害重。叶脉附近出现边缘较清晰的白色至褐色、不规则形枯斑（图2-46、图2-47），严重时叶片干枯死亡。

图2-46　茄子亚硝酸气体为害叶片正面

〔病因〕

植株吸收的硝酸态氮部分是由亚硝酸态的氮转化来的，转化过程需要硝化细菌，若土壤酸化严重、pH过低，会抑制硝化细菌的活性，导致土壤中亚硝酸态的氮不能正常转化为硝酸态氮，

图2-47 茄子亚硝酸气体为害叶片背面

从而造成亚硝酸气体在土壤中大量形成，并逸出地表为害植株。

〔防治方法〕

1）多施腐熟有机肥及生物肥，控制化肥使用量，逐年改善土壤品质，减轻酸化情况。

2）出现亚硝酸气体为害症状后，可将适量石灰施入田间并立即浇水，将其渗入土中，可起到中和作用，提高硝化细菌的活性。

提示 发现症状后及时通风、浇水，有利于稀释亚硝酸气体的浓度。

30. 茄子药害 >>>>

〔症状〕

蔬菜药害的症状多种多样，各不相同。有的叶面形成不规则形黄褐色枯斑（图2-48），后期发展成纸状枯斑。有的叶面出现褐色至黑褐色小点状坏死斑（图2-49）。

图2-48 茄子药害（一）

图2-49 茄子药害（二）

〔病因〕

杀菌剂、杀虫剂等化学农药用量过大或含量过高、高温期间用药或使用对蔬菜敏感的药剂均易引发药害。

〔防治方法〕

1）使用农药前，认真研究用药方法、用药剂量及使用时间，科学用药。

2）发生药害后及时灌水并喷洒赤霉素或芸苔素内酯等生长调节剂缓解药害。

⚠ **注意** 将多种杀菌剂、杀虫剂混合使用前，最好进行小范围试验，确定无害后再使用。

31. 茄子叶烧病 >>>>

〔症状〕

叶片出现黄白色至褐色干枯斑，后期枯斑表面着生腐生菌（图2-50）。

图2-50 茄子叶烧病病叶

〔病因〕

茄子叶烧病由光照强时阳光直射叶片所致。

〔防治方法〕

1）夏季光照强时可将泥水泼洒在大棚膜外面，起到减弱光照的作用。

2）使用遮阳网遮阴，避免太阳光直射叶片。

提示 土壤中有机肥含量高，土壤结构合理，能提高土壤保水性能，减轻危害。

32. 茄子着色不良 >>>>

〔症状〕

果实着色异常，果面与正常果实成熟时的颜色有差异，多表现为颜色淡化，如表现为褐色（图2-51）或红白色（图2-52）。

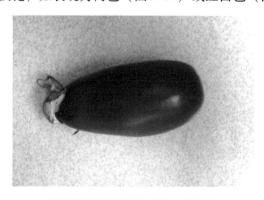

图2-51 茄子着色不良（一）

图2-52　茄子着色不良（二）

〔病因〕

主要因低温弱光、氮肥施用多、钾肥不足引起。土壤水分过少易诱发着色不良。

〔防治方法〕

1）科学施用氮肥，增施磷钾肥。

2）棚内气温低时，采用补光灯等辅助升温。

3）合理浇水，不要大水漫灌。

⚠️ **注意**　着色不良要提前预防，花期就应注意硼磷肥的补充，结果后在补充磷钾肥的同时注意补充光照。

三、虫　害

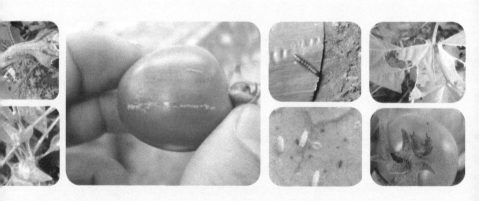

1. 茶黄螨 >>>>

茶黄螨，又名侧多食跗线螨、茶半跗线螨，属蛛形纲蜱螨目跗线螨科，在全国各地均有发生。茶黄螨寄主广泛，发生普遍，可为害茄子、辣椒、丝瓜、甜瓜等大多数蔬果，遭受为害的蔬果一般减产30%以上，严重时达50%以上。且其常引起蔬菜果实表皮粗糙或开裂，严重降低果实品质，极大损害了菜农的经济收益。2008—2011年寿光市洛城、留吕、纪台多地蔬菜大棚大面积发生茶黄螨为害，损失严重，由于茶黄螨虫体小，为害症状有时与病毒病相似，部分菜农误作病毒病防治，导致错过最佳防治时期，造成大面积减产。

〔学名〕

Polyphagotarsonemus latus（Banks）。

〔为害特点〕

茶黄螨可为害大多数蔬菜，其中以茄子、辣椒受害最重。茶黄螨以成虫及幼虫的刺针吸食蔬菜的幼嫩部位为害，如幼叶、幼果等。叶片受害后变小、皱缩，叶片增厚、僵硬、易碎，叶脉扭曲，因茶黄螨吸食叶片汁液常引起叶片受害部褪绿黄化，叶片背面多呈黄白色至黄褐色，粗糙，有油质光泽。茎秆及果柄受害后表皮变灰褐色至褐色，粗糙（图3-1）。为害果实常引起果皮开裂，种子外翻，形成馒头果，失去食用价值。后期茶黄螨常在新叶之间成片拉网（图3-2）。

茶黄螨为害茄子、辣椒等蔬菜时常与病毒病危害症状相似，难以区分。实践中可通过以下两个特点鉴别：

1）茶黄螨为害时叶片背面呈油质光泽、粗糙状，而病毒病则无此特点。

2）可用放大镜或显微镜观察叶片背面是否存在茶黄螨。

图3-1　茶黄螨为害茄子果柄及茎秆

图3-2　茶黄螨结网

〔形态特征〕

卵长约0.1mm，半透明，椭圆形，多为灰白色。幼螨近椭圆形，躯体分3节，足3对。雄成螨体长0.18～0.20mm，体躯近六角形，浅黄色或黄绿色，腹末有锥台形尾吸盘。雌成螨较雄成螨略长，体躯阔卵形，分节不明显。

〔生活习性〕

茶黄螨虫体较小，肉眼难以观察，繁殖速度快，多数地区发生代数在 20～30 代。温度越高，繁殖越快，在 30～32℃时繁殖 1 代仅需 4 天。成螨及幼螨喜食植物的幼嫩部分，当幼嫩部分生长变老后，则继续向新的幼嫩部分转移为害，成虫为害植株时有结网的习性，此特性可作为与病毒病的区别。因喜高温，一般地区多在 6～9 月危害严重，温室中因气温高可常年为害。

〔防治方法〕

1）生物防治。保护、释放巴氏钝绥螨防治茶黄螨。

2）及时清除杂草，摘除老叶、病叶，集中烧毁，减少虫源。

3）及时灌水，保持土壤湿度，抑制其繁殖速度。

4）药剂防治。可选用下列药剂交替轮换使用：10% 的阿维·哒螨灵可湿性粉剂 2000 倍液，或 1.8% 的阿维菌素乳油 3000 倍液，或 15% 的浏阳霉素乳油 1500 倍液，或 5% 的唑螨酯悬浮剂 2000 倍液，或 20% 的甲氰菊酯乳油 1200 倍液。

2. 棉铃虫 >>>>

棉铃虫属鳞翅目、夜蛾科，全国各地均有发生。其食性杂，茄子、番茄、辣椒、豆类、瓜类、绿叶菜类蔬菜等都可受害。

〔学名〕

Helicoverpa armigera（Hubner）。

〔为害特点〕

棉铃虫以幼虫蛀食寄主作物的蕾、花、果及茎秆，啃食嫩茎、叶、芽等呈空洞或缺刻，引起严重减产。

〔形态特征〕

成虫体长 13～22mm，雌蛾红褐色，雄蛾褐绿色，翅面近中央处有一褐边的圆环。卵多为半球形，前期乳白色，近孵化时加深为深褐色，具刻纹。幼虫体色不一，有浅绿、浅红、黄绿、浅褐等体色，背线一般有 2 条或 4 条，虫体各节有毛瘤 12 个（图3-3），幼虫龄期多为 6 龄。蛹为褐色纺锤形。

图3-3　棉铃虫幼虫

〔生活习性〕

棉铃虫在不同地区发生代数不同。西北地区一般每年发生 3 代，华北发生 4 代，长江以南代数可达5～7 代。以蛹在土中越冬，华北多在 4 月下旬左右开始羽化，1 代、2 代、3 代、4 代幼虫发生期基本在 5 月中下旬、6 月中下旬、8 月上中旬和 9 月中下旬。幼虫发育适温为 25～28℃，湿度以75%～90% 较合适。

〔防治方法〕

1）农业防治。将作物整枝打权后的材料销毁或深埋，减少卵量。适度密植，保障田间通风透光。

2）物理防治。在成虫发生盛期，采用高压汞灯进行诱杀。

3）生物防治。成虫产卵高峰后 3～4 天，喷洒 Bt 乳剂或核型多角体病毒，使幼虫感病死亡，连续喷 2 次，防效最佳。

4）药剂防治。一般当百株卵量达 20～30 粒时即应开始用药。如果百株幼虫超过 5 只，应继续用药。可选用药剂有25% 的辛・氰乳油 3000 倍液，或 4.5% 的高效氯氰菊酯 3000 ~ 3500 倍液，或 20% 的除虫脲胶悬剂 500 倍液，或 20% 的氯虫苯甲酰胺悬浮剂 3000 倍液等喷雾。

> 📢 **提示** 棉铃虫老龄若虫抗药性较强，最好在低龄若虫时期用药。同时注意杀虫机理不同的药剂轮换用药。

3. 西花蓟马 >>>>

西花蓟马属于缨翅目、锯尾亚目、蓟马科、花蓟马属，是一种危险性极大的外来入侵害虫。西花蓟马对农作物有极大的危害性，该虫寄主植物非常广泛，目前已知的约有 200 多种植物。近几年，蓟马在我国北方设施栽培作物上严重发生，尤其是对设施蔬菜为害较大。作者调查寿光温室大棚蔬菜上西花蓟马的为害情况，发现茄子、辣椒、黄瓜、芹菜等大多蔬菜受害严重，单株植株叶和花上的蓟马总数严重时超过千头。

〔学名〕

Frankliniella occidentalis（Pergande）。

〔为害特点〕

该虫以锉吸式口器取食植物的茎、叶、花、果，导致花瓣褪色、叶片皱缩，叶片、茎及果有时易形成伤疤，最终可能使植株枯萎，同时还传播番茄斑萎病毒（Tomato spotted wilt virus，TSWV）在内的多种病毒。西花蓟马常引起叶片卷曲，叶片褪色，在叶片及果实上形成齿痕及疮疤（图 3-4）。为害茄子则在叶片上出现白色褪绿斑点（图 3-5），苗期叶片受害重时易形成空洞，幼虫多在叶片背面活动为害。

图3-4　西花蓟马为害番茄果实症状

图3-5　西花蓟马为害茄子叶片

〔形态特征〕

雌虫体长1.2~1.7mm，体浅黄色至棕色，头及胸部色较腹部略浅，雄虫与雌虫形态相似，但体形较小，颜色较浅。触角8

113

节，腹部第 8 节有梳状毛。若虫有 4 个龄期。1 龄若虫一般无色透明，虫体包括头、3 个胸节、11 个腹节；在胸部有 3 对结构相似的胸足，没有翅芽。2 龄若虫金黄色（图 3-6），形态与一龄若虫相同。3 龄若虫白色，具有发育完好的胸足，具有翅芽和发育不完全的触角，身体变短，触角直立，少动，又称"前蛹"。4 龄若虫白色，在头部具有发育完全的触角、扩展的翅芽及伸长的胸足，又称"蛹"。卵不透明，肾形，约 200μm 长。

图 3-6　西花蓟马 2 龄若虫

[生活习性]

　　在温室内，西花蓟马可全年繁殖，每年发生 12～17 代，15℃下完成 1 代需要 44 天左右，30℃下需要 15 天即可。每只雌虫一般产卵 18～45 粒，产卵前期在 15℃下约为 10 天，20～30℃下需 2～4 天，20℃时繁殖力最高。该虫将卵产于叶、花和果实的薄壁组织中，有时也将卵产于花芽中。27℃下卵期约 4 天，

15℃下卵期可达 15 天。干燥情况下卵易死亡。幼期 4 龄，前 2 龄是活动取食期，后 2 龄不取食，属于预蛹和蛹期。1 龄若虫孵化后立即取食，27℃下历期 1～3 天，2 龄若虫非常活跃，多在叶片背面等隐蔽场所取食，历期从 27℃的 3 天到 15℃的 12 天。2 龄若虫逐渐变得慵懒，蜕皮变为假蛹，这段历期在 27℃下为 1 天，15℃下为 4 天。化蛹场所变化较多，多在土中，也可在花中。蛹期 3～10 天。在室内条件下雌虫存活 40～80 天，雄虫寿命较短，约为雌虫的一半。在一个种群内，雄虫数量通常为雌虫的 3～4 倍。雄虫由未受精卵发育而来，未受精卵产自未交配的雌虫。该虫在温暖地区能以成虫和若虫在许多作物和杂草上越冬，相对较冷的地区则在耐寒作物如苜蓿和冬小麦上越冬，寒冷季节还能在枯枝落叶和土壤中存活。

〔防治方法〕

1）农业防治。清除菜田及周围杂草，减少越冬虫口基数，加强田间管理，增强植物自身抵御能力也能较好地防范西花蓟马的侵害，如干旱植物更易受到西花蓟马的入侵，因此保证植物得到良好的灌溉就显得十分重要。另外，高压喷灌利于驱赶附着在植物叶子上的西花蓟马，减轻为害。

2）物理防治。利用蓟马对蓝色的趋性，可采取蓝色诱虫板对蓟马进行诱集，效果较好。

3）生物防治。利用西花蓟马的天敌蜘蛛及钝绥螨等可有效控制西花蓟马的数量。如在温室中每 7 天释放钝绥螨 200～350 只/m^2，完全可控制其为害。释放小花蝽也有良好的防效。这些天敌在缺乏食物时能取食花粉，所以效果比较持久。

4）药剂防治。药剂可选用 2.5%的多杀霉素悬浮剂 1000 倍液，或 10%的虫螨腈乳油 2000 倍液，或 5%的氟虫腈悬浮剂 1500 倍液，或 10%的吡虫啉可湿性粉剂 2000 倍液等喷雾。喷洒农药时，一要注意不同的农药交替使用以削弱其抗药性，二要注意使用的间隔期及密度。一般而言，一种农药使用 2 个月为佳。这样可减轻化学杀虫剂的选择压力，延缓害虫抗性产生。

提示 蓟马性喜傍晚活动，此时喷药效果较好，同时加入有机硅助剂有利于提高药效。

4. 野蛞蝓 >>>>

野蛞蝓属软体动物门、腹足纲、柄眼目、蛞蝓科，也叫鼻涕虫，在我国蔬菜种植区均有分布。近年来，随着北方地区日光温室、塑料大棚等保护地栽培的推广和普及，野蛞蝓的发生率及为害也日趋严重，已成为温室蔬菜生产中的重要害虫之一。作者于2008—2014 年在寿光温室调查时多次见到该虫的为害，部分地区病棚率超过 90%，已成为温室蔬菜生产中亟待解决的问题之一。野蛞蝓寄主广泛，可为害茄子、番茄、黄瓜、辣椒、豇豆、白菜、芹菜等绝大多数蔬菜。蔬菜受害后，叶片、果实、茎秆等被食成缺刻、空洞，严重影响蔬菜的质量及产量，同时造成的伤口有利于细菌的侵染，进一步加大危害。

〔学名〕

Agriolimax agrestis（Linnaeus）。

〔为害特点〕

野蛞蝓食性杂，可为害大多数蔬菜，以番茄、辣椒、茄子、豇豆、菜豆等种类为主。植株的叶片、茎秆、果实均可受害，尤其喜食幼嫩部分，被害处被吃成缺刻或孔洞，取食果皮后常使果实出现带状伤痕，同甜菜夜蛾的为害症状相似（图 3-7 ~ 图 3-9），严重时嫩茎、嫩枝被咬断，导致植株死亡，造成缺苗断垄。同时造成的伤口容易引起细菌侵染，加重危害。野蛞蝓为害时排泄的粪便及黏液也会造成蔬菜品质下降（图 3-10）。爬行过的地方像蜗牛一样留下白色的黏液痕迹。

图 3-7　野蛞蝓为害豇豆叶片症状

图 3-8　野蛞蝓为害茄子留下病疤

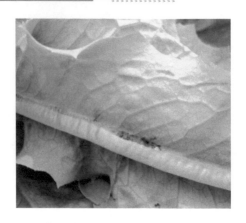

图3-9 野蛞蝓为害莴苣症状

图3-10 野蛞蝓为害番茄留下黑色粪便

【形态特征】

野蛞蝓成虫长25～50mm，宽3～6mm，呈长梭形，体表柔软光滑，多为灰色至深褐色，也有的为黄白色或灰红色，体表有略凸起的条纹，呈同心圆形。头部前方有触角2对，深黑色，上面一对较长，下面一对稍短，眼睛在上边触角的顶端，口位于头部前方，内有角质的齿舌，分泌的黏液无色。

卵为圆形或椭圆形，白色透明，后期变为灰黄色。

幼虫体色较浅，多为灰褐色或浅褐色，体长 2.0 ~ 2.5mm，宽 1.0 ~ 1.2mm，形态与成虫相似。

〔生活习性〕

在寿光蔬菜温室中野蛞蝓 1 年完成 2 ~ 3 代，世代重叠，露地一般仅 1 代。以成体或幼体在蔬菜根部湿土下、土缝、石头缝、石板下、河岸边越冬。第二年气温回升后出来为害，白天多在土壤中、落叶、薄膜下或石头缝等隐蔽处，昼伏夜出，一般在早晚或夜间活动取食，早上天亮时相继回到隐蔽处，若遇阴雨天则可整日取食为害。喜欢阴暗湿润的环境，湿度越大，越有利于其活动及为害。野蛞蝓怕光怕热，强光、干燥条件下，2 ~ 3h 即可导致其大量死亡。野蛞蝓雌雄同体，异体授精。对饥饿忍受力较强，在食物缺乏或干旱等不良条件下能长时间潜伏在阴暗土缝或草丛中不吃不动。成虫交配 2 天后即开始陆续产卵，一般产于潮湿的土壤缝或隐蔽的石板下，每头成虫可产卵 300 多粒，产卵期 15 天左右，卵可单粒、成串或聚集成团，土壤过干和光照过强会引起卵大量死亡。

〔防治方法〕

1）农业防治。提倡地膜覆盖栽培，可阻止野蛞蝓爬出地面，减轻危害；及时清除菜园中的垃圾及杂草，秋、冬季深翻土地，将其成体、幼体、卵充分暴露于地上，使其被晒死、冻死或被天敌取食，减少越冬基数；在菜园垄间或角落撒上生石灰，可较好地阻止野蛞蝓为害；有机肥应充分腐熟，同时可采取增加热源或光源的方式，创造不利于野蛞蝓活动的条件。

2）物理防治。野蛞蝓喜湿怕光，一般在夜晚活动，晚上 10 点钟左右达到活动高峰，因此，可在此时间借助电灯照明，采用人工捕捉的方式灭杀害虫；蛞蝓对香甜及腥味等有趋性，也可利用嫩菠菜叶、白菜叶等有气味的食物进行诱杀，一般傍晚将盛有青菜叶的塑料盘放置于垄间，第二天早上将塑料盘拿出棚外杀死害虫。

3）生物防治。温室内野蛞蝓为害严重或连阴天时，可放鸭等家禽、蛙类或捕食性甲虫猎食野蛞蝓，防治效果较好。

4）化学防治。可撒施6%的四聚乙醛颗粒剂或6%的聚醛·甲萘威颗粒剂，每亩用量800～1000g，10～15天后再施1次。清晨野蛞蝓尚在地表时，喷洒硫酸铜800～1000倍液或1%的食盐水，杀灭效果可达80%以上。

5. 温室白粉虱 >>>>

温室白粉虱是主要的温室类害虫，于20世纪70年代初期在我国初见发生。近几年，由于暖冬等气候因素及保护地面积的不断扩大，农业种植结构的不断调整，利用温室进行培育种苗和生产花卉、蔬菜等面积的不断扩大，白粉虱频繁发生，尤其是对温室中所种植的茄科、葫芦科、豆科等蔬菜为害更严重。

〔学名〕

Trialeurodes vaporariorum（Westwood）。

〔为害特点〕

温室白粉虱寄主广泛，可为害茄子、番茄、辣椒、瓜类、豆类蔬菜等绝大多数蔬菜。喜欢大量成虫及若虫聚集在叶片背面，通过吸食蔬菜叶片的汁液，引起叶片褪绿变黄，严重时叶片萎蔫干枯。为害的同时分泌蜜露，容易引起煤污病的滋生（图3-11），影响蔬菜产量及品质。白粉虱还是多种病毒的传毒介体。

〔形态特征〕

成虫（图3-12）体长1.0～1.6mm，头部浅黄色，其余部位粉白色。翅表及虫体被白色蜡粉包围，又称小白蛾。卵（图3-13）长椭圆形，长0.15~0.2mm，初为浅绿色至浅黄色，孵化前变为深褐色。若虫共4龄，1龄若虫到3龄若虫浅绿色或黄绿色，体长不断增加，达0.25~0.53mm，其中2龄若虫和3龄若虫的足及触角退化。4龄若虫也叫"拟蛹"（图3-14），扁平状，随时间发展，逐渐增厚，初期绿色，后期颜色加深，体表有数根长度不一的蜡丝。

图3-11　温室白粉虱分泌蜜露引起煤污病

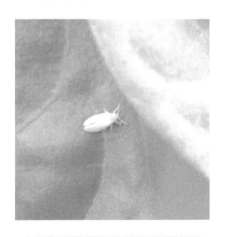

图3-12　温室白粉虱成虫形态

图 3-13 温室白粉虱的卵及"拟蛹"

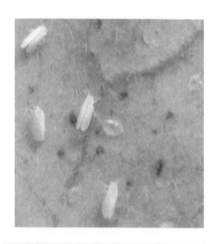

图 3-14 温室白粉虱"拟蛹"及成虫

［生活习性］

　　每年发生代数因地区而异，南方温度较高可常年发生，北方地区温室内一年可发生 10 余代，温室内则可终年为害，室外因温度低难以越冬。成虫羽化后数天即可产卵，每只雌虫可产100～200

粒卵，卵多产于叶片背面，卵柄从气孔插入叶片内，不易脱落。因白粉虱喜食幼嫩部分，故其在植株垂直方向的虫龄（从卵到成虫）从上到下以此增大，卵孵化后的 1 龄若虫可在叶背短距离行动，2 龄若虫以后因为足的退化，无法行动，只能固定取食。

[防治方法]

1）农业防治。

① 清洁田园。育苗、定植前清除病残体和杂草，保持温室清洁，通风口安装防虫网。

② 科学种植。避免茄子、黄瓜、番茄、菜豆等蔬菜混栽，可种植白粉虱不喜食的十字花科蔬菜。

③ 黄板诱蚜。选用 20cm 宽、40cm 长的黄色纤维板，涂上机油，挂在温室中，每隔 1.5m 放置 1 片黄板，高度在作物顶部 20cm 以上，10～15 天更换 1 次。

2）生物防治。利用天敌丽蚜小蜂或草蛉防治。丽蚜小蜂释放比例为（2～3）:1，每隔 15 天释放 1 次。

3）化学防治。因世代重叠，在同一时间同一植株上白粉虱的各虫态均存在，而当前缺乏对所有虫态皆理想的药剂，所以采用化学防治，必须连续几次用药。可选用的药剂如下：25% 的噻嗪酮可湿性粉剂 2000 倍液，或 3% 的啶虫脒乳油 1200 倍液，或 70% 的吡虫啉水分散粒剂 1500 倍液，或 25% 的噻虫嗪水分散粒剂 3000 倍液，或 2.5% 的联苯菊酯乳油 5000 倍液。喷药时注重叶背喷洒。

⚠ 注意　白粉虱体表蜡粉较多，多数药剂渗透效果较差，可在药剂中加入有机硅助剂，增加药剂渗透性，提高药剂防治效果。同时，白粉虱繁殖速度快，世代重叠严重，应注意杀菌机理不同的药剂交替使用，延缓其抗药性的产生。

附录 常见计量单位名称与符号对照表

量 的 名 称	单 位 名 称	单 位 符 号
长度	千米	km
	米	m
	厘米	cm
	毫米	mm
面积	公顷	ha
	平方千米（平方公里）	km^2
	平方米	m^2
体积	立方米	m^3
	升	L
	毫升	mL
质量	吨	t
	千克（公斤）	kg
	克	g
	毫克	mg
物质的量	摩尔	mol
时间	小时	h
	分	min
	秒	s
温度	摄氏度	℃
平面角	度	(°)
能量，热量	兆焦	MJ
	千焦	kJ
	焦［耳］	J
功率	瓦［特］	W
	千瓦［特］	kW
电压	伏［特］	V
压力，压强	帕［斯卡］	Pa
电流	安［培］	A

参 考 文 献

［1］方中达. 植病研究方法 ［M］. 北京：中国农业出版社，1979.

［2］李金堂. 蔬菜病虫害诊治图鉴 ［M］. 济南：山东科学技术出版社，2012.

［3］陆家云. 植物病害诊断 ［M］. 2 版. 北京：中国农业出版社，1997.

［4］吕佩珂，苏慧兰，高振江，等. 中国现代蔬菜病虫原色图鉴 ［M］. 呼和浩特：远方出版社，2008.

［5］王春林. 潜在的植物检疫性有害生物图鉴 ［M］. 北京：中国农业出版社，2005.

［6］任欣正. 植物病原细菌的分类和鉴定 ［M］. 北京：中国农业出版社，1994.

［7］魏景超. 真菌鉴定手册 ［M］. 上海：上海科学技术出版社，1979.

［8］谢联辉. 普通植物病理学 ［M］. 北京：科学出版社，2006.

［9］邢来君，李明春. 普通真菌学 ［M］. 北京：高等教育出版社，1999.

［10］余永年. 中国真菌志：第六卷　霜霉目 ［M］. 北京：科学出版社，1998.

［11］郑建秋. 现代蔬菜病虫鉴别与防治手册（全彩版）［M］. 北京：中国农业出版社，2004.

［12］中华人民共和国农业部农药检定所. 农药管理信息汇编 ［M］. 北京：中国农业出版社，2006.

书　目